Einführung

Adressatengruppe

Der Lehrgang ist entsprechend den Lernfeldern des Bildungsplans für das 2. Ausbildungsjahr industrieller und handwerklicher Metallberufe (Industrie-, Werkzeug-, Zerspanungs-, Feinwerkmechaniker/-in und verwandter Monoberufe) konzipiert. Er kann aber auch z. B. für Wiederholungen an Fachschulen eingesetzt werden.

Baugruppen als Leitbeispiele

Durch die Anbindung der Lerninhalte an Leitbeispiele wird ein praxisorientierter und ganzheitlicher Unterricht erreicht. Solche Leitbeispiele sind die Baugruppen

- Spannvorrichtung
- Fräsvorrichtung (Freiarbeit)
- Drehvorrichtung
- Flanschgetriebe
- Pneumatische Einscheibenkupplung (Freiarbeit)
- Drosselrückschlagventil
- Montagevorrichtung (Pneumatik, Elektropneumatik)
- Stützeinrichtung (Elektrohydraulik)

Arbeitsgebiete der Lernfelder

Neben der Vertiefung der technischen Kommunikation werden exemplarisch und praxisorientiert technologische Problemstellungen, Fragen der Arbeitsplanung und Berechnungen zu den Baugruppen bearbeitet.

Wesentliche Arbeitsgebiete sind:

- Teil- und Gesamtzeichnungen auswerten
- Informationen aus Teilzeichnungen entnehmen
- Maßtoleranzen und geometrische Tolerierung anwenden
- Oberflächenbeschaffenheit und Wärmebehandlung erkennen
- Instandhaltung und Funktion erläutern
- Montage und Demontage beschreiben
- Unterlagen für konventionelle und CNC-Fertigung erstellen
- Grundlagen der Steuerungstechnik erfassen
- Auswahl und Einsatz von Werkstoffen und Halbzeugen erläutern

Richtziele

Wesentliche Richtziele sind u. a.

- Orientierung an der Praxis
- ganzheitlicher Unterricht
- Veranschaulichung durch berufsnahe Beispiele
- Selbstständigkeit bei Einzel- oder Gruppenarbeit
- Handlungsorientierung
- Einsatz technischer Unterlagen

Einsatz des Lehrgangs

Die Überschriften der Aufgaben nennen Ihre hauptsächliche Tätigkeit. Ein rasches Orientieren über Inhalte und Ziele ist deshalb leicht möglich.

Sie können die Aufgaben im Unterrichtsgespräch oder in Gruppen-, Partner- oder Einzelarbeit lösen.

Selbstverständlich müssen nicht alle Aufgaben bearbeitet werden.

Die Lösungen können meist in die Blätter eingetragen werden. Für umfangreichere Lösungen sind Zusatzblätter nötig.

Zusätzlich enthält der Lehrgang in jedem Halbjahr eine Gesamtzeichnung für Freiarbeit, bei der Sie sich eigenständig Aufgaben stellen, diese lösen, dokumentieren und präsentieren. Dadurch soll Ihre Kreativität und Ihre Fähigkeit zum selbstständigen Arbeiten gefördert werden.

Zwei Blätter mit programmierten Aufgaben dienen zur Wiederholung und als Vorbereitung auf Ihre Prüfung.

Einige Aufgaben in englischer Sprache machen Ihnen die Notwendigkeit sprachlicher Kompetenz im internationalen Wettbewerb bewusst.

Wir wünschen Ihnen viel Erfolg beim Arbeiten mit diesem Lehrgang.

Die Verfasser

ISBN 978-3-7782-3061-9 10., überarbeitete Auflage

Verlag Holland+Josenhans GmbH & Co. KG, Postfach 10 23 52, 70019 Stuttgart – 2015
E-Mail: info@handwerk-technik.de – Internet: www.handwerk-technik.de

Druck: Elbe Druckerei Wittenberg GmbH, 06896 Lutherstadt Wittenberg

Die Spannvorrichtung ermöglicht ein rasches Spannen von Werkstücken auf dem Maschinentisch von Bohr- und Fräsmaschinen. Um bei größeren Werkstücken die Spannkraft zu erhöhen und ein gleichmäßiges Spannen zu erreichen, werden solche Schnellspannelemente auch an mehreren Stellen des Werkstücks gleichzeitig angesetzt.

Aufgabe 1: Teile durch farbiges Anlegen kennzeichnen

Legen Sie Pos. 1 bis 5 in den Ansichten von Abb. 1 und 2 im sichtbaren Bereich mit hellen Farben an.

Aufgabe 2: Positionsnummern in Abb. 1 ergänzen

Aufgabe 3: Strukturbild für Montage ergänzen

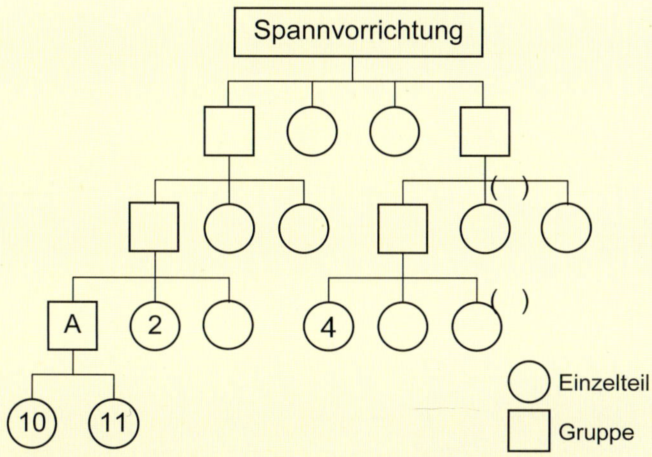

Aufgabe 4: Maße für die angedeutete Tischnut eintragen

Hinweis: Die Nut des Maschinentisches ist nach DIN 650 als Richt- und Spannnut ausgeführt (Tabb. Seite ....)

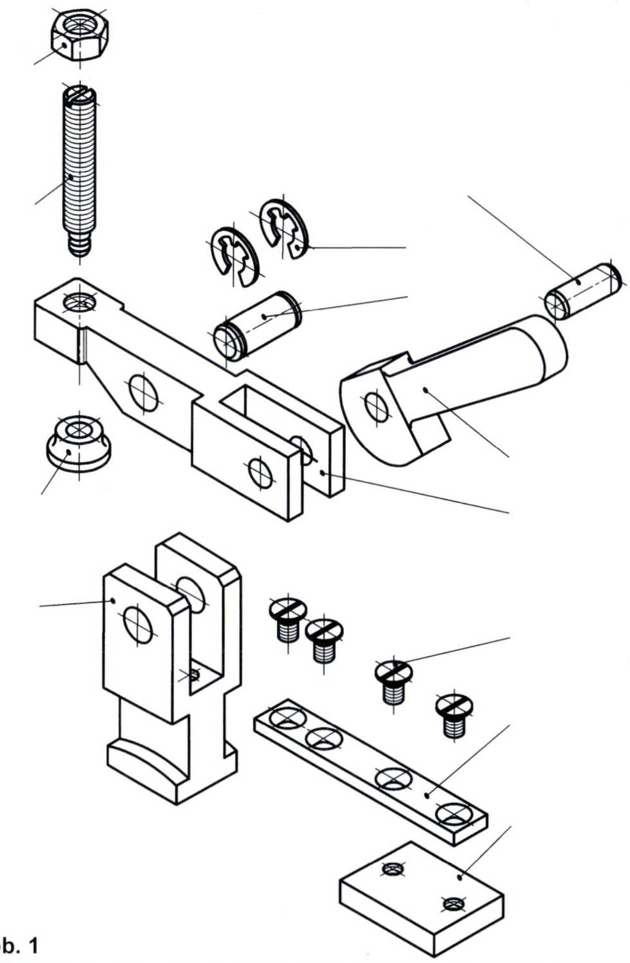

Abb. 1

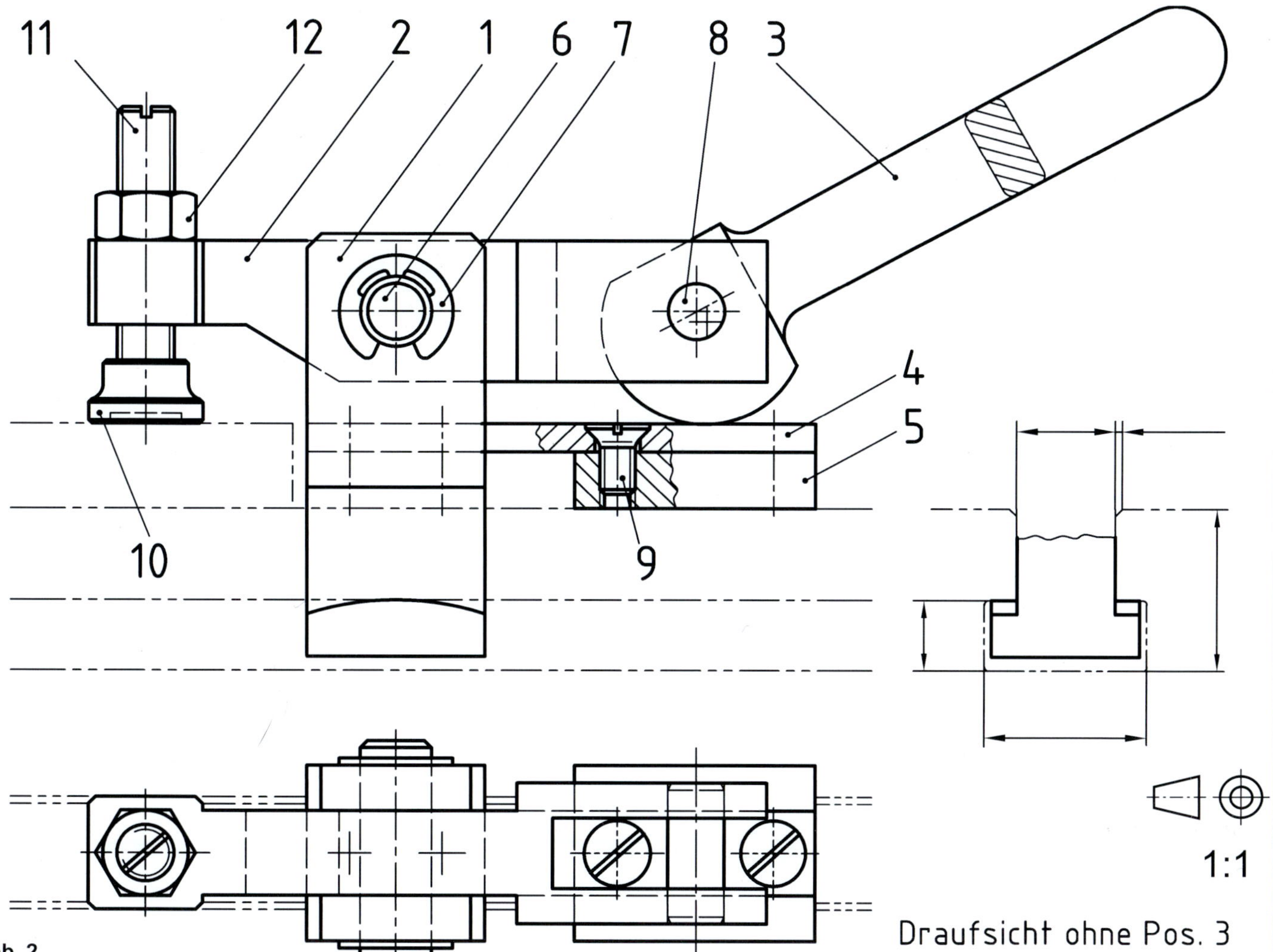

Abb. 2

Spannvorrichtung	Gesamtzeichnung: Informationsquelle, Montage	Datum	Klasse	Name	Blatt Nr. ....

Mit den folgenden Aufgaben erarbeiten Sie technische Unterlagen, die sich auf die Fertigung und die Funktion der Spannvorrichtung beziehen.

Aufgabe 1: Normteile in der Stückliste ergänzen

Pos. 8: einsatzgehärteter Zylinderstift

Aufgabe 2: Auswahl der Halbzeuge begründen

Warum wurde für die Auflage (5) ein Flachstahl Fl EN 10278 – 25x8x36 und nicht Fl EN 10058 – 35x8x27 verwendet?

Aufgabe 3: Werkstoffangaben erläutern

E 295

17Cr3

11SMn30

Aufgabe 4: Funktion der Spannvorrichtung erkennen

a) In gespanntem Zustand soll der Exzenterhebel (3) in der gezeichneten Stellung sein. Außerdem sollen verschieden hohe Werkstücke gespannt werden können.

Mit welchem Teil erfolgt diese Einstellung?

Pos.

b) Welche Aufgabe hat die Sechskantmutter (12)?

c) Wozu dienen die beiden Rundungen am Halter (1)?

d) Warum wird der Exzenterhebel (3) aus dem Werkstoff 17Cr3 und nicht aus S235JR gefertigt?

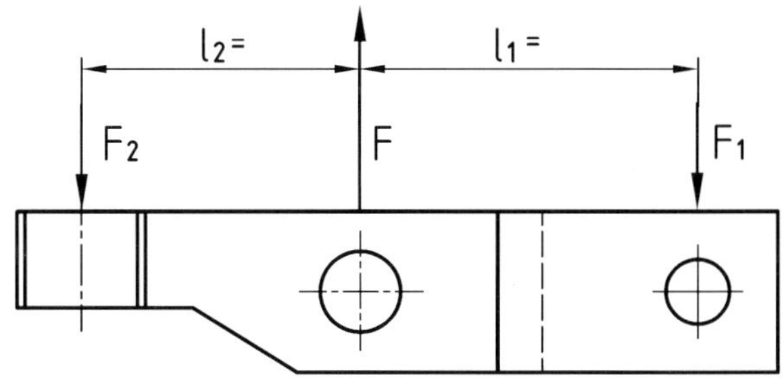

Abb. 1

e) Bei dem Hebel (2) ist der Abstand von der Werkstückauflage bis zum Drehpunkt kleiner als vom Drehpunkt bis zur Auflage des Exzenterhebels (3). Begründen Sie diese konstruktive Festlegung.

f) Warum werden Spannexzenter meist nur bei bereits bearbeiteten Flächen eingesetzt?

g) Spannspiralen sind spanntechnisch günstiger als Exzenter. Begründen Sie.

Aufgabe 5: Spannkraft und Stützkraft berechnen

Entnehmen Sie die Abstände l_1 und l_2 der Gesamtzeichnung. Tragen Sie die Werte in Abb. 1 ein.
Am Exzenter (3) tritt eine Kraft F_1 = 1,2 kN auf.

a) Ermitteln Sie die am Werkstück auftretende Spannkraft F_2.

b) Wie groß ist die im Halter (1) wirksame Stützkraft F?

Aufgabe 6: Druckspannung beim Gewinde berechnen

Im Gewindestift (11) wirkt eine Kraft F_2 = 2 kN. Wie groß ist die Druckspannung im Spannungsquerschnitt des Gewindes?

Aufgabe 7: Flächenpressungen berechnen

a) Das Druckstück (10) hat den Außendurchmesser 15 mm und den Innendurchmesser 10 mm. Um bleibende Verformungen zu vermeiden, darf beim Werkstück die Flächenpressung durch das Druckstück höchstens 75 N/mm^2 betragen.

Ist die auftretende Flächenpressung zulässig, wenn die Druckkraft 2 kN beträgt?

b) Durch den Zylinderstift (8) wird eine Kraft von 1,2 kN übertragen. Bestimmen Sie die Flächenpressung in der Bohrung des Exzenterhebels (3).

Pos.	Menge	Benennung / Norm-Kurzbezeichnung	Werkstoff	Halbzeug / Bemerkung
12				
11	1	Gewindestift DIN 6332 – S M8x40 Sz	5.8	
10	1	Druckstück DIN 6311 – S16	St	
9				
8				
7			Federstahl	
6	1	Lagerbolzen	11SMn30	Rd EN 10278 – 10h11x34
5	1	Auflage	E295	Fl EN 10278 – 25x8x36
4	1	Leiste	E295	Fl EN 10278 – 12x4x75
3	1	Exzenterhebel	17Cr3	Fl EN 10278 – 28x10x102
2	1	Hebel	E295	4kt EN 10278 – 20h11x98
1	1	Halter	E295	4kt EN 10278 – 25h11x63

Stückliste zur Spannvorrichtung Blatt 2

Spannvorrichtung	Stückliste, Funktion, Beanspruchung der Bauteile	Datum	Klasse	Name	Blatt Nr.

Die Teilzeichnung Abb. 1 zeigt den Hebel (2) der Spannvorrichtung. Die Geometrieelemente dieses Teils sind mit unterschiedlicher Oberflächenbeschaffenheit auszuführen.

Werden unnötig hohe Anforderungen an die Oberflächenbeschaffenheit vorgeschrieben, so steigen die Fertigungskosten.

Angaben in Teilzeichnungen (ISO 1302, Abb. 1)

1. Die Oberflächenbeschaffenheit wird bevorzugt mit den Kenngrößen *Rz* oder *Ra* angegeben.
2. Symbole und Angaben sind nach Abb. 1 einzutragen (vgl. auch Tabb. Seite ......).
3. Bei Platzmangel oder umfangreichen Angaben können Kurzangaben (Symbole mit x, y oder z) verwendet werden, die über dem Schriftfeld zu erläutern sind.
4. Die überwiegend vorkommende Oberflächenbeschaffenheit wird über dem Schriftfeld vermerkt. Ausnahmen deutet man durch das Grundsymbol in Klammern an.
5. Die Kenngröße *Rz* soll maximal die Hälfte des Toleranzwertes von zugehörigen tolerierten Maßen betragen.

   Beispiel: 8H7=>Toleranz 15 µm=>*Rz*∗15 µm : 2 = 7,5 µm
   gewählt: *Rz* 6,3 (Reiben *Rz* 4 ... 10 µm)

Einfluss der Oberflächenbeschaffenheit auf die Fertigungsplanung

1. Die Rauheitswerte für die Oberflächen sind aus den Anforderungen an die Flächen abzuleiten, z. B.
   - Gleit- und Passflächen: *Rz* 6,3 *Ra* 0,4
   - Auflageflächen: *Rz* 25 *Ra* 2,5

   Danach ist bei der Fertigungsplanung festzulegen:
   - Fertigungsverfahren
   - Werkzeug
   - Schnittwerte
   - Spanbildung
2. Richtwerte dazu gibt es in den Normen und technischen Unterlagen von Firmen.

Aufgabe 1: Maße in Abb. 2 eintragen (Tabb. Seite ......)

Aufgabe 2: Oberflächenbeschaffenheit des Druckstücks (10) in Abb. 3 eintragen

Fläche ①: *Rz* 25 Fläche ②: unbearbeitet
Fläche ③: gebohrt restliche Flächen: *Rz* 100

Aufgabe 3: Erreichbare Rauheit von Oberflächen den Fertigungsverfahren zuordnen (Tabb. Seite ......)

Fertigungsverfahren	*Rz* von ....bis
Bohren ins Volle	
Reiben	
Fräsen	

Aufgabe 4: Fräsbearbeitung untersuchen

a) Bei dem Hebel (2) in Abb. 1 wurden die beiden im Abstand von 12 mm parallelen Seitenflächen gefräst.
Mit einem Oberflächenmessgerät wird im Tastschnittverfahren das Rauheitsprofil Abb. 4 ermittelt. Bestimmen Sie daraus die Kenngröße *Rz*.

....

....

b) Nennen Sie mögliche Ursachen, falls die verlangte Rauheit nicht erreicht wird.

....

....

c) Wie ändern sich nach Abb. 5 die Fertigungskosten, wenn beim Fräsen statt *Rz* 25 ein *Rz* 10 verlangt wird.

....

....

....

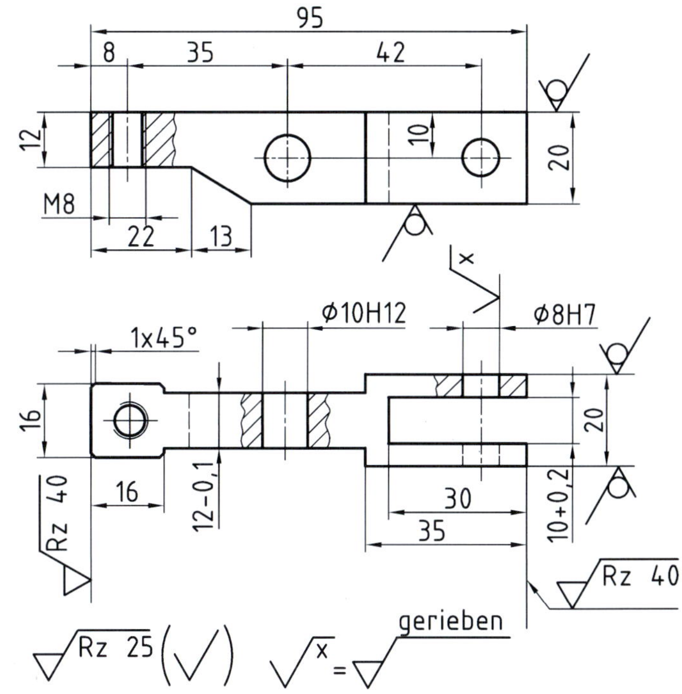

Abb. 1 Allgemeintoleranzen ISO 2768 - mK

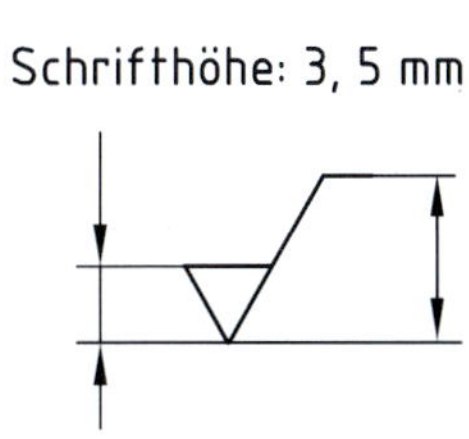

Abb. 2

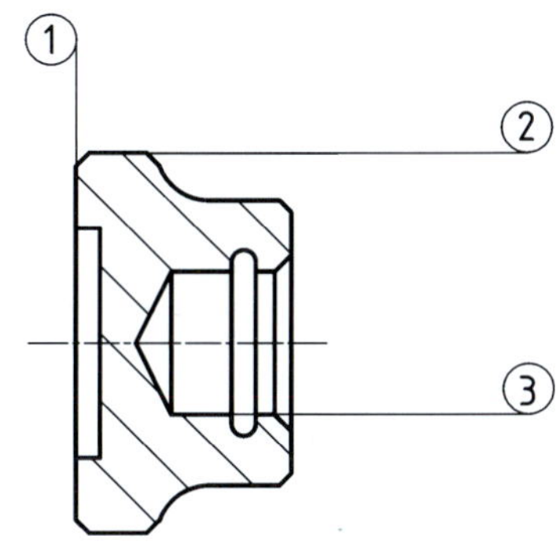

Abb. 3 Allgemeintoleranzen ISO 2768 - mK

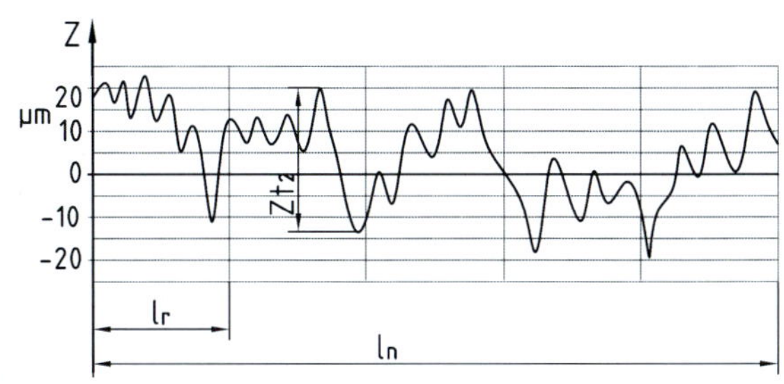

Abb. 4

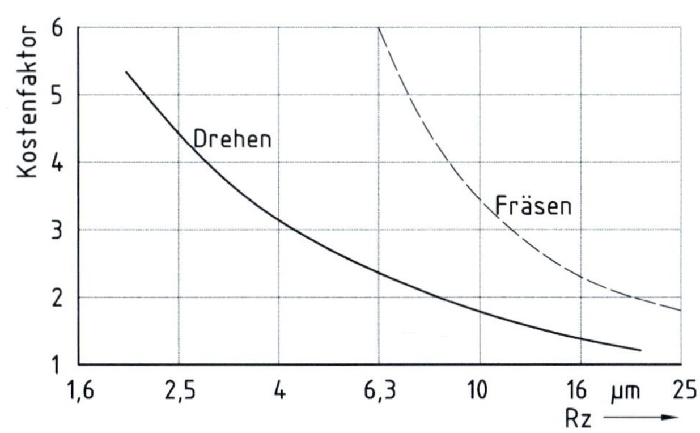

Abb. 5 Die beiden Fertigungsverfahren können nicht miteinander verglichen werden.

Der Lagerbolzen (6) für die Spannvorrichtung ist nicht als Ersatzteil vorrätig. Er wird in Eigenfertigung hergestellt (Abb. 1).

Grenzmaße

Um die Funktion zu gewährleisten, müssen die zulässigen Maßabweichungen (= Maßtoleranzen) beachtet werden.

Informieren Sie sich über die genormten Begriffe in Ihren technischen Unterlagen. Unterscheiden Sie insbesondere Toleranzklasse, Grundabmaß und Toleranzgrad (Abb. 2).

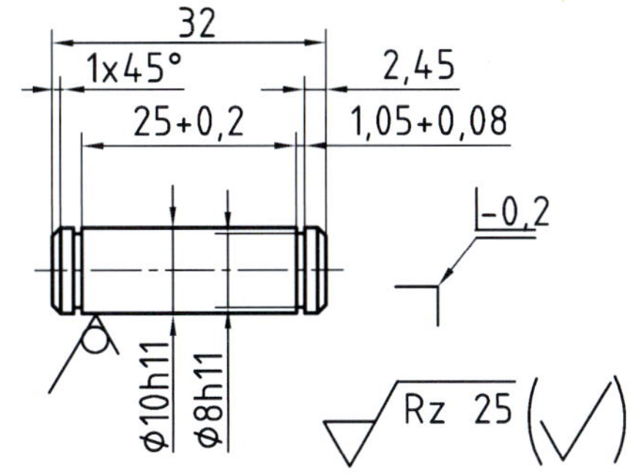

Abb. 1 Allgemeintoleranzen ISO 2768 - m

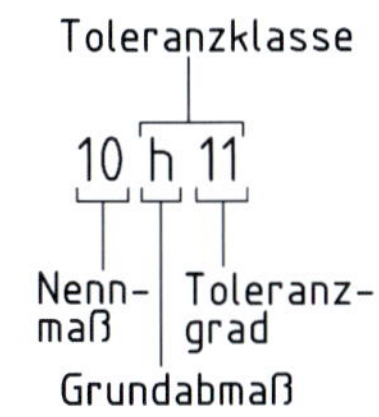

Abb. 2

Aufgabe 1: Eintragung von Maßtoleranzen unterscheiden

Kennzeichnen Sie in der Teilzeichnung (Abb. 1) die Maße mit verschiedenen Farben, die festgelegt sind durch:

- Toleranzen nach ISO 286 z. B. rot
- Grenzabmaße nach DIN 406 z. B. blau
- Allgemeintoleranzen nach ISO 2768 z. B. grün

Aufgabe 2: Angaben für den Lagerbolzen (6) erläutern

a) Tragen Sie die verlangten Werte in Tab. 1 ein.
Hinweis: 10H12 bezeiht sich auf die Bohrung von Pos. 1.

b) Zeichnen Sie die Toleranzfelder in Abb. 3 ein.

c) Ergänzen Sie die folgenden Aussagen:

- Die Größe der Maßtoleranz wird bestimmt durch den ....
- Die Lage des Toleranzfeldes bezüglich der Nulllinie wird durch das .... festgelegt.
- Man verwendet Großbuchstaben für .... und Kleinbuchstaben für ....
- Beim Grundabmaß H stößt das Toleranzfeld von ...., beim Grundabmaß h von .... an die Nulllinie.

	2,45	8h11	10H12	1,05+0,08
oberes Abmaß	+0,1			
unteres Abmaß				
Maßtoleranz				
Höchstmaß				
Mindestmaß				

Tab. 1

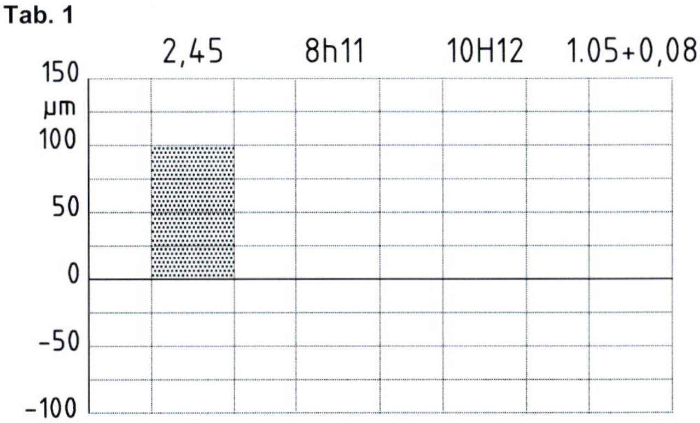

Abb. 3

Passungen

Ist beim Fügen zweier Teile, z. B. des Lagerbolzens (6) im Halter (1), eine Passung erforderlich, dann müssen die Grenzmaße der beiden Geometrieelemente aufeinander abgestimmt werden.

Aufgabe 3: Toleranz- und Passungsangaben erfassen

Übertragen Sie die Nummern der folgenden Toleranz- und Passungsangaben in die Kreise der Abb. 4. (B=Bohrung, W=Welle)

(1) Nulllinie	(6) Höchstmaß B	(11) oberes Abmaß W
(2) Nennmaß	(7) Toleranz B	(12) unteres Abmaß W
(3) unteres Abmaß B	(8) Höchstmaß W	(13) Mindestspiel
(4) Mindestmaß B	(9) Mindestmaß W	(14) Höchstspiel
(5) oberes Abmaß B	(10) Toleranz W	

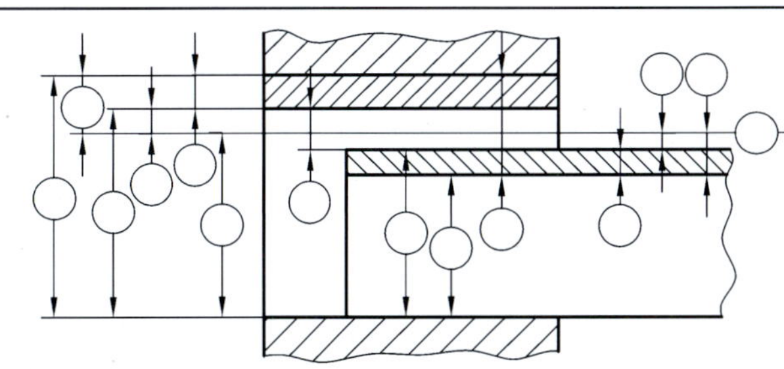

Abb. 4

Aufgabe 4: Passung Lagerbolzen (6) / Halter (1) erläutern

Bei der Spannvorrichtung muss der Lagerbolzen in den Bohrungen des Halters bei allen Istmaßen Spiel haben. Die Toleranzklasse des Bolzens ist h11. Dazu passend wird für die Bohrungen die Toleranzklasse H12 gewählt.

a) Tragen Sie die Werte A für Grenzabmaße, Grenzmaße und Maßtoleranzen in die Tabelle 2 ein.

b) Zeichnen Sie die Toleranzfelder in Abb. 5.

c) Ermitteln Sie die Werte B zu der Passung.

d) Tragen Sie die Passungsart ein.

e) Ergänzen Sie als Erkenntnis die folgenden Aussagen.

Höchst- und Mindestspiel berechnet man wie folgt:

Höchstspiel = Höchstmaß Bohrung - ....

Mindestspiel = ...

Eine Passung mit den Grundabmaßen H und h ergibt eine ....

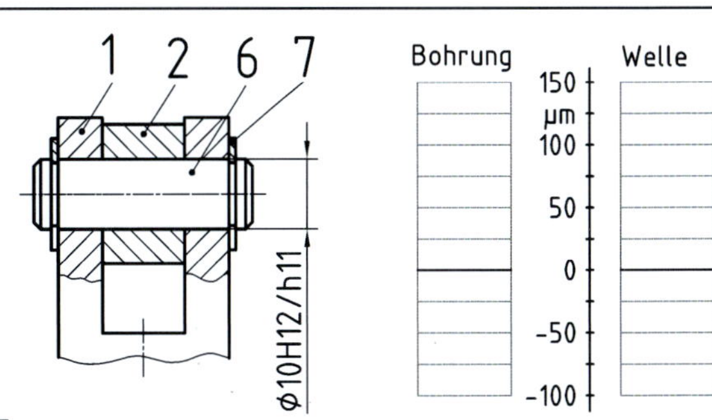

Abb. 5

		Bohrung	Welle
Maßangabe		10H12	10h11
A	Grenzabmaße		
	Höchst-/Mindestmaß		
	Maßtoleranz		
B	Höchst-/Mindestspiel		
	Passungsart		

Tab. 2

Spannvorrichtung	Maßtoleranzen: Grenzmaße, Passungen (Teil 1)	Datum	Klasse	Name	Blatt Nr.

Aufgabe 5: Passung erläutern

Bei der Spannvorrichtung muss der Zylinderstift (8) in den Bohrungen des Hebels (2) so fest sitzen („fester Sitz"), dass er sich nicht selbsttätig lösen kann. Der Zylinderstift hat die genormte Toleranzklasse m6. Für die Bohrungen werden wahlweise die Toleranzklassen H7 und K7 vorgeschlagen.

Ermitteln Sie anhand der Aufgaben a bis c die Passungsart, die sich bei den Grundabmaßen H bzw. K mit m ergibt.

a) Tragen Sie die Werte A in Tab. 3 und 4 ein.

b) Zeichnen Sie die Toleranzfelder in Abb. 6 und 7.

c) Ermitteln Sie die Passungswerte B.

d) Ergänzen Sie als Erkenntnis die folgenden Aussagen:

- Die Kombination der Toleranzklassen H7 und m6 ergibt eine .... Ein fester Sitz ist bei dieser Passung ....
- Die Kombination der Toleranzklassen K7 und m6 ergibt eine ....

Allgemein gilt:

- Höchstübermaß = ...
  ....
  Mindestübermaß = ...
  ....
- Die Passung mit den Toleranzklassen H7 und m6 hat folgende Vorteile:
  ....
  ....
  Bei Bedarf Zylinderstift durch .... sichern

e) Gewählt wird ....; ggf. wird geklebt.

Aufgabe 6: Einkleben des Zylinderstifts (8) beschreiben

Beim Einkleben des Zylinderstifts (8) kann Klebstoff in die Bohrung des Exzenterhebels (3) gelangen, so dass der Exzenterhebel fest sitzt. Wie kann das vermieden werden?

....

....

Passungssysteme

Durch Beschränkung auf bestimmte Toleranzklassen bei Bohrungen und Wellen lassen sich Werkzeuge und Prüfmittel einsparen. Man erreicht dies durch die Passungssysteme Einheitsbohrung bzw. Einheitswelle. Im Maschinenbau ist Einheitsbohrung geläufig.

Aufgabe 7: Passungsempfehlungen machen

a) Ein Betrieb fertigt einheitlich mit dem Passungssystem „Einheitsbohrung". Machen Sie in der Spalte „Beispiel" Passungsempfehlungen nach DIN 7157. (Tabb. S. ....)

Bohrung	Welle	Passungsart	Beispiel
H	a ... h	Spielpassung	....
H	j ... n	Übergangspassung	....
H	m ... z	Übermaßpassung	....

b) Der Exzenterhebel (3) muss sich auf dem Zylinderstift (8) mit einer Spielpassung drehen lassen. Machen Sie dazu eine Passungsempfehlung.

....

c) Ermitteln Sie dazu die Werte A und B der Tabelle 5.

d) Zeichnen Sie die Toleranzfelder in Abb. 8.

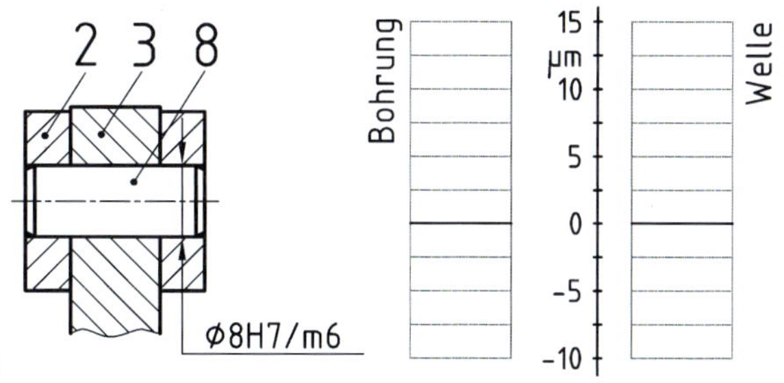

Abb. 6

		Bohrung	Welle
Maßangabe		8H7	8m6
A	Grenzabmaße		
	Höchst-/Mindestmaß		
	Maßtoleranz		
B	Höchstspiel		
	Mindestspiel		
	Höchstübermaß		
	Mindestübermaß		
	Passungsart		

Tab. 3

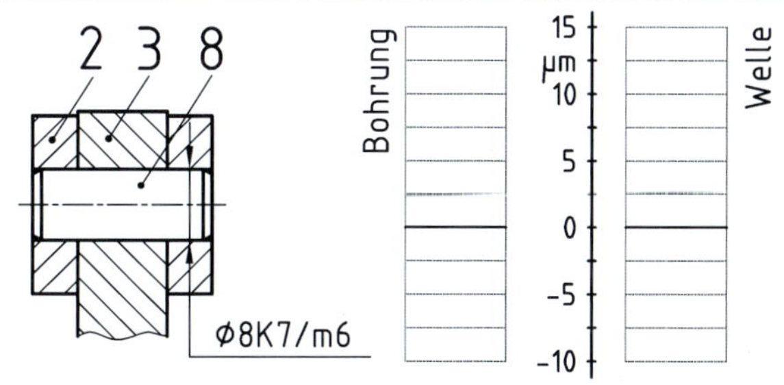

Abb. 7

		Bohrung	Welle
Maßangabe		8K7	8m6
A	Grenzabmaße		
	Höchst-/Mindestmaß		
	Maßtoleranz		
B	Höchstspiel		
	Mindestspiel		
	Höchstübermaß		
	Mindestübermaß		
	Passungsart		

Tab. 4

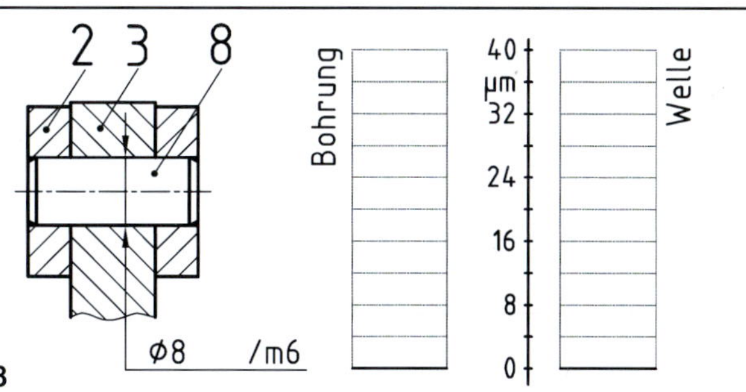

Abb. 8

		Bohrung	Welle
Maßangabe			8m6
A	Grenzabmaße		
	Höchst-/Mindestmaß		
	Maßtoleranz		
B	Höchst-/Mindestspiel		
	Passungsart		

Tab. 5

Datum	Klasse	Name	Blatt Nr.
....	....	....	....

Aufgabe 1: Teilzeichnung für Halter (1) ergänzen

a) Zeichnen Sie die Vorderansicht.

<u>Hinweis</u>: Teilschnitte in der Vorderansicht für die Bohrung und ein Gewinde.

b) Bemaßen Sie das Teil funktions- und fertigungsgerecht.

c) Ergänzen Sie die Maßtoleranzen und die Oberflächenbeschaffenheit.

Aufgabe 2: Demontagebeschreibung übersetzen

a) <u>Steps</u>
remove retaining washer for shafts (7)
take fulcrum pin (6) and lever (2) out of suppport (1)
unscrew slotted countersunk flat head screws (9)
exchange plate (4)
asssemble in the reverse order

b) <u>Tools and accessories</u>
vice, a pair of combination pliers, screwdriver for slotted flat head screws, shop towel

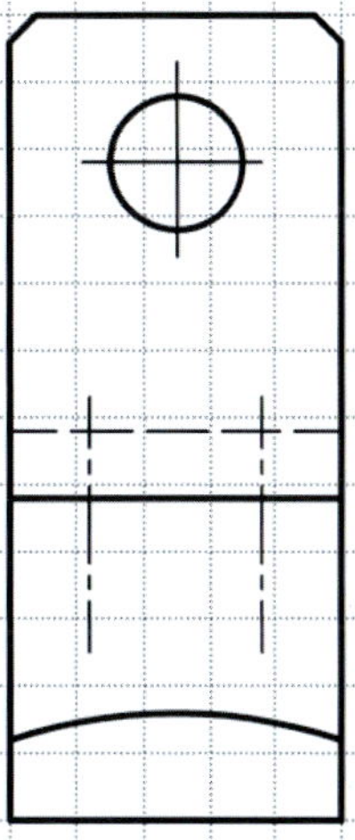

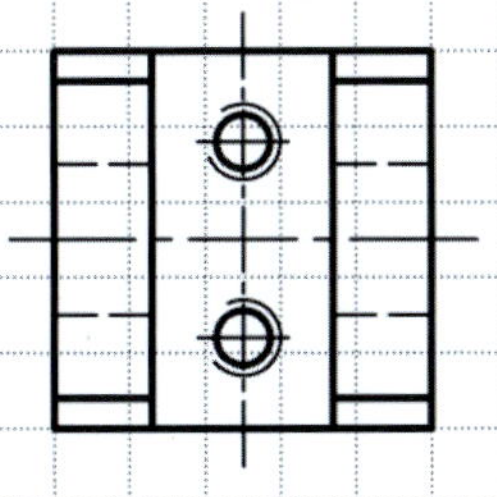

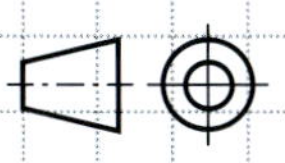

Abb. 1

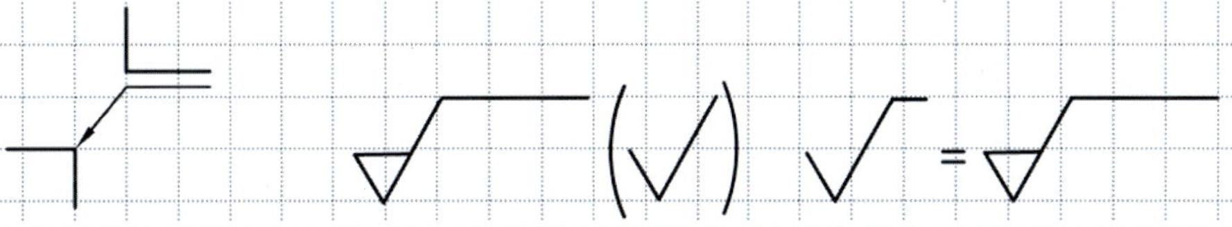

Pos.	Menge	Benennung / Norm-Kurzbezeichnung	Werkstoff	Halbzeug / Bemerkung
1				

Maßstab 1:1		Datum	Name	Klasse	Schule
	Bearbeitet				
Allgemeintoleranzen ISO 2768 -	Geprüft				

Toler.Maß	Grenzabmaße

Spannvorrichtung **Teilzeichnung: Halter (1), Demontage**

Blatt Nr.

Richtlinien zur Gestaltung von Exzenterscheiben

Selbsthemmung: Die Exzentrizität (E) darf 1:15 des Scheibendurchmessers (D) nicht überschreiten.
Bei 60° Drehwinkel: Spannweg (s) etwa 0,8 • E
Scheibenbreite (B): etwa 0,3 • D
Hebellänge (L): etwa 3 • D
Bohrungsdurchmesser wie bei dem vorliegenden Hebel
Der wirksame Spannbereich soll in einem Schwenkbereich von 60^0 liegen. Die Einstellung erfolgt durch Pos. 11 und 12.

Aufgabe 1: Exzenterhebel (3) fertigungsgerecht gestalten

Der Exzenterhebel (3) erfordert eine umfangreiche Fräsarbeit. Gestalten Sie alternativ einen Hebel in einer fertigungsgerechteren und damit kostengünstigeren Ausführung aus mehreren Teilen, wobei Normteile zu bevorzugen sind.

a) Bestimmen Sie die Abmessungen E, s, B und L.

.

b) Skizzieren Sie die Einzelteile und bemaßen Sie diese. Tragen Sie zugehörige Angaben in die Stückliste ein. Vermerken Sie evtl. weitere alternative Ausführungen.

c) Stellen Sie den Hebel in einer Gesamtzeichnung dar.

Einzelteile bemaßt

Abb. 1

Gesamtzeichnung

Abb. 2

Pos.	Menge	Benennung / Norm-Kurzbezeichnung	Werkstoff	Halbzeug / Bemerkung
3				
2				
1	1			

Maßstab		Datum	Name	Klasse	Schule
1:1	Bearbeitet				
Allgemeintoleranzen ISO 2768 -	Geprüft				

Toler.Maß | Grenzabmaße

Spannvorrichtung **Alternative Gestaltung: Exzenterhebel**

Blatt Nr.

Aufgabe 1: Werkstoffbedarf und Werkstoffkosten berechnen

a) Berechnen Sie anhand der Stückliste Blatt 2 den Werkstoffbedarf (die Masse) für die Teile 1 bis 6.

b) Ermitteln Sie die Einkaufspreise für die Werkstoffe. Gehen Sie ggf. von den folgenden Richtwerten aus:

Stähle für den Maschinenbau	Einkauf	Richtwerte
Baustahl warmgewalzt:	.... €/kg	2,0 €/kg
Baustahl blank:	.... €/kg	2,5 €/kg
Werkzeugstahl unlegiert blank:	.... €/kg	4,0 €/kg
Werkzeugstahl legiert blank:	.... €/kg	5,0 €/kg
Automatenstahl blank:	.... €/kg	4,0 €/kg

c) Berechnen Sie die Werkstoffkosten.

Pos.	Benennung	Maße (mm)	Masse (kg)	Kosten (€)
1	Halter	25x25x63		
2	Hebel	20x20x98		
3	Exzenterhebel	28x10x102		
4	Leiste	12x4x75		
5	Auflage	25x8x36		
6	Lagerbolzen	Ø10x34		
			Teile insgesamt	

Aufgabe 2: Fertigungsplan für den Hebel (2) ergänzen

- Bestimmen Sie die Drehzahlen mit einem Drehzahldiagramm. Wählen Sie für das Bohren eine einheitliche Drehzahl.
- Die Werkzeuge sind aus unbeschichtetem HSS.
- Als Kühlschmierstoff wird Emulsion verwendet.
- Legen Sie das Kernloch für das Gewinde nach DIN 336 fest.
- Das Reiben und das Gewindebohren erfolgt maschinell.
- Verwenden Sie für Ø10H12 einen neuwertigen Spiralbohrer.
- Fräswerkzeuge: Walzenstirnfräser Ø40, z = 8, Typ N
  Scheibenfräser: Ø100, z = 18

Aufgabe 3: Hauptnutzungszeit für das Bohren berechnen

Für den Hebel (2) sind zur Herstellung der Bohrungen folgende Daten vorgegeben:

- Schnittgeschwindigkeit v_c = 30 m/min, Vorschub f = 0,2 mm, An- und Überlauf $l_a = l_u$ = 1 mm
- Ermitteln Sie eine einheitliche Drehzahl für alle Bohrungen mit Hilfe eines Drehzahldiagramms.
- Entnehmen Sie die zu bohrenden Werkstücklängen aus der Teilzeichnung (Abb. 1).

Aufgabe 4: Hauptnutzungszeit für das Reiben berechnen

Für den Hebel (2) ist die Bohrung Ø8H7 maschinell zu reiben. Folgende Daten sind vorgegeben:

- Schnittgeschwindigkeit v_c = 12 m/min, Vorschub f = 0,2 mm, An- und Überlauf $l_a = l_u$ = 1,5 mm
- Für die Spitzenlänge bei Maschinenreibahlen gilt: $l_s = 0{,}5 \cdot d$

Fertigungsplan

Benennung: *Hebel (2)*

Menge: *200 Stück*

Werkstoff: ....

Halbzeug: ....

Maschinen: ....

....

Spannmittel: ....

Prüfmittel: ....

....

....

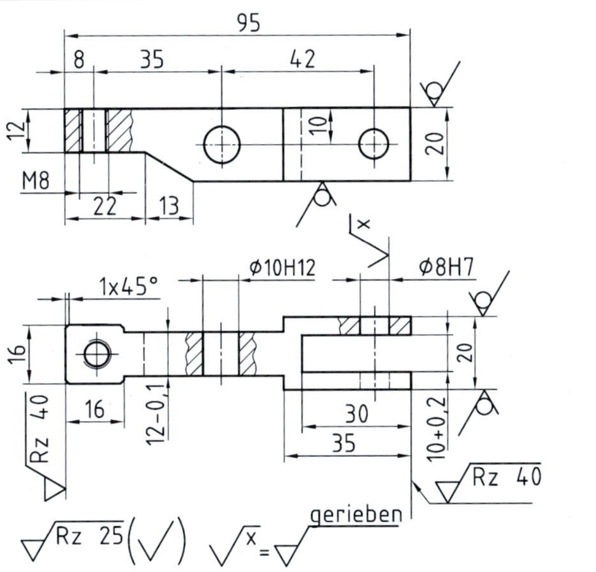

Abb. 1 Allgemeintoleranzen ISO 2768 – m K

Nr.	Fertigungsschritte	Werkzeuge	f_z mm	f mm	v_c m/min	n 1/min
1	Rohmaße kontrollieren					
2	Stirnseiten fräsen (l = 95)					
3	Geometrieelemente anreißen					
4	Aussparung 10x30 fräsen					
5	seitliche Aussparungen und Dicke 16 fräsen					
6	untere und schräge Aussparung fräsen					
7	vier Fasen 1x45° feilen					
8	Bohrungen anreißen und körnen					
9	bohren					
10	Bohrungen profilsenken					
11	Gewinde M8 bohren					
12	Bohrung Ø8H7 reiben					
13	Werkstück entgraten					
14	Werkstück prüfen					

Spannvorrichtung	Werkstoffkosten Fertigungsplan: Hebel (2)	Datum	Klasse	Name	Blatt Nr. ....

Aufgabe 1: Hebel (2) nach Prüfprotokoll bewerten

In Ihrem Ausbildungsjahr wurde die Spannvorrichtung als Lehrarbeit gefertigt. Prüfen Sie die Brücke eines Ihrer Kollegen nach dem vorliegenden Prüfprotokoll.

Ermitteln Sie als Fremdprüfer die erreichte Punktzahl. Beachten Sie dabei die eingetragenen Maßtoleranzen und die Allgemeintoleranzen für Längen- und Winkelmaße sowie für Form und Lage. Sie haben Folgendes festgestellt:

Sichtprüfung
- Fasen 1x45° und Stirnflächen haben etwas zu große Riefen
- Grate an rund einem Viertel der Werkstückkanten
- Bohrungen nur zum Teil profilgesenkt
- starke Abweichung von der Rechtwinkligkeit bei den beiden bearbeiteten Stirnflächen

Maßprüfung
- Geometrieelemente vgl. Abb. 2
- Grenzlehrdorn für ∅8H7 kann beidseitig eingeführt werden
- Grenzlehrdorn für ∅10H12 kann einseitig eingeführt werden

Aufgabe 2: Prüfprotokoll für den Halter (1) entwerfen

Entwerfen Sie ein Prüfprotokoll für den Halter.
- Welche Merkmale sollen sichtgeprüft werden?
- Welche Maße der Geometrieelemente sollen geprüft werden?

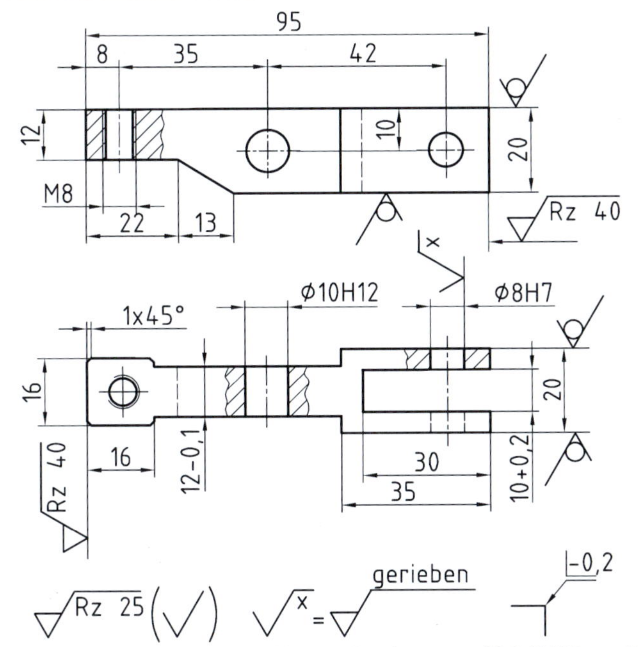

Abb. 1 Allgemeintoleranzen ISO 2768 – mK

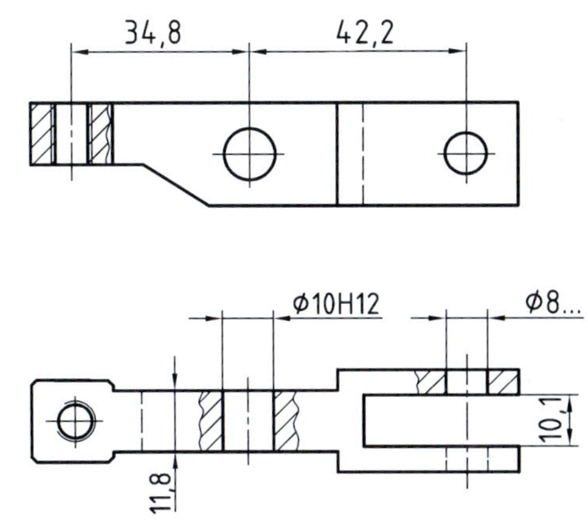

Abb. 2: Istmaße des geprüften Werkstücks

Prüfprotokoll für das Bauelement Hebel (2) der Spannvorrichtung

Sichtprüfung (Gewichtung $g_1 = 3$)	mögliche Punkte: 10 – 8 – 5 – 3 – 0		
Nr. (n_1)	**Prüfmerkmal** (z. B. Oberflächen, Fasen, Rundungen, Senkungen, Form- und Lagetoleranzen)	**erreichte Punkte** eigen	fremd
1	Oberflächenbeschaffenheit		
2	Werkstückkanten gratfrei (0,2 mm)		
3	Bohrungen profilgesenkt		
4	Rechtwinkligkeit der bearbeiteten Stirnflächen		
	Summe der erreichten Punkte (S_1)		

Maßprüfung (Gewichtung $g_2 = 7$)				mögliche Punkte: 10 – 2 – 0			
Nr. (n_2)	**Messgerät, Lehre**	**Zeichnungsmaß**	**Grenzabmaße**	**festgestelltes Istmaß** eigen	fremd	**erreichte Punkte** eigen	fremd
1		35					
2		42					
3		10 + 0,2					
4		12 – 0,1					
5		Ø10H12					
6		Ø8H7					
					Summe der erreichten Punkte (S_2)		

Ermittlung der Gesamtpunkte		eigen	fremd
Sichtprüfung:	$(S_1 : n_1) \cdot g_1$		
Maßprüfung:	$(S_2 : n_2) \cdot g_2$		
erreichte Gesamtpunkte (von insgesamt 100 Punkten)			

Für die Führungssegmente soll ein Fertigungsplan zu den Fräsarbeiten erstellt werden. Dazu sind die Hauptnutzungszeit zum Überfräsen der beiden Stimflächen und die dabei erforderliche Schnittkraft und Schnittleistung zu bestimmen.

Soweit möglich sind gleichzeitig drei Teile zu spannen und zu bearbeiten. Ein günstiger Fräserdurchmesser liegt bei etwa 1,2 bis 2 • a_e (a_e = Arbeitseingriff = Fräsbreite). Bei allgemeinen Fräsbedingungen wird eine eher enge Teilung für die Schneiden gewählt.

Aufgabe 1: Hauptnutzungszeit berechnen

Die drei Führungssegmente werden auf beiden Stirnseiten mit einem Walzenstirnfräser durch Stirn-Planfräsen (mittig) geschlichtet. Folgende Werte sind gegeben:

An-/Überlauf	$l_a = l_u$ = 1,5 mm	Fräser-Ø	d = 40 mm
Schnittgeschw.	v_c = 25 m/min	Zähnezahl	z = 5
Vorschub/Zahn	f_z = 0,07 mm	Spanungstiefe	a_p = 1 mm

Berechnen Sie:

a) Drehzahl des Fräsers n
b) Vorschub/Umdrehung f
c) Vorschubweg L
d) Vorschubgeschwind. v_f
e) Hauptnutzungszeit t_h

Aufgabe 2: Daten zum Fräsen ermitteln

Für die Fräsarbeit von Aufgabe 1 sind zusätzlich zu berechnen:

a) Winkel zwischen Fräsereintritt und Fräseraustritt φ_s
b) Zahl der Schneiden im Eingriff z_e
c) Spanungsdicke h
d) Spanungsquerschnitt A
e) Schnittkraft F_c (k_c = 3100 N/mm²)
f) Zeitspanungsvolumen Q
g) Schnittleistung P_c

Fertigungsplan

Benennung: *Führungssegment*

Zeichnungsnummer: *DV 126 – 16*

Menge (Anzahl): *3*

Halbzeug: ....

Werkstoff: ....

Maschine: ....

Spannmittel: ....

Prüfmittel: ....

....

....

Aufgabe 3: Schwenkwinkel für das Führungssegment berechnen (Abb. 1)

Ermitteln Sie zunächst die Werte für a und b aus Abb. 2. Berechnen Sie dann den Winkel ß mit Winkelfunktionen und tragen Sie ihn in Abb. 2 ein.

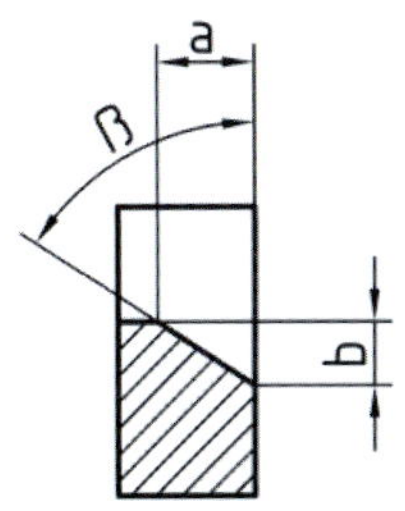

a = ...

b = ...

β = ...

Abb. 1

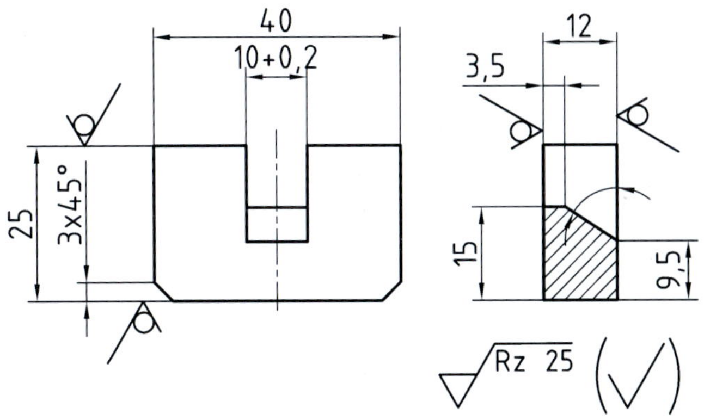

Abb. 2 Allgemeintoleranzen ISO 2768 – mK

Aufgabe 4: Fertigungsplan für das Führungssegment erstellen

Die Bohrungen werden erst nach dem Fräsen gefertigt.

Werkzeug für Nute: Scheibenfräser Ø100x10, z = 18

Nr.	Fertigungsschritte (Arbeitsfolge)	Werkzeuge	a_p mm	f mm	v_c m/min	n 1/min
1	*Rohteil entgraten*	*Flachstumpffeile Hieb 3*				
2	*Rohteil prüfen*					
3	*linke Stirnfläche fräsen (3 Teile)*	*Walzenstirnfräser Ø40, z=5, Typ N*	*... 1*		*25*	

Die Instandsetzung technischer Anlagen ist eine wichtige Aufgabe des Mechanikers. Dies erfordert die Fähigkeit, schwierige Aufgaben systematisch anzugehen und zu lösen. Auch mit programmierten Prüfungsaufgaben kann diese Fähigkeit geübt und geprüft werden.

Bei der Lösung solcher Aufgaben ist es sinnvoll, nach einer bestimmten Weise vorzugehen. Im Folgenden wird gezeigt, wie eine solche Vorgehensweise aussehen kann. Dabei wird zunächst nur z. B. ein Geometrieelement herausgegriffen und mit den Lösungsvorschlägen verglichen.

Alle Vorschläge, die bei diesem Geometrieelement falsch sind, werden von weiteren Untersuchungen ausgeschlossen. Die verbleibenden Lösungsvorschläge werden nach einem anderen Merkmal untersucht.

Bei schwierigen Aufgaben ist es hilfreich, das Teil in der Gesamtzeichnung farbig hervorzuheben.

Musteraufgabe: Bestimmen Sie die richtige Darstellung für Pos. 3 des Werkzeughalters.

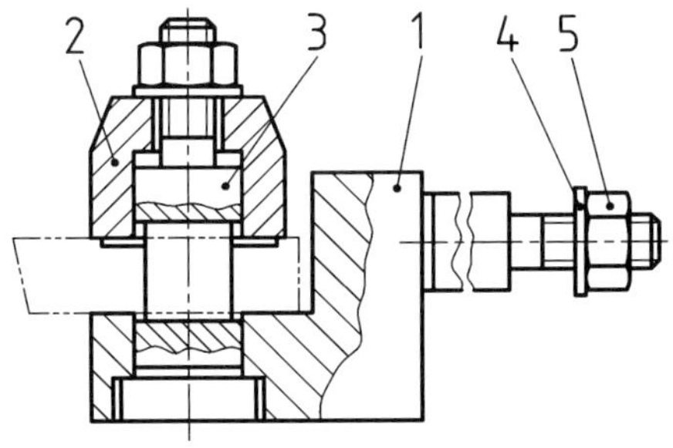

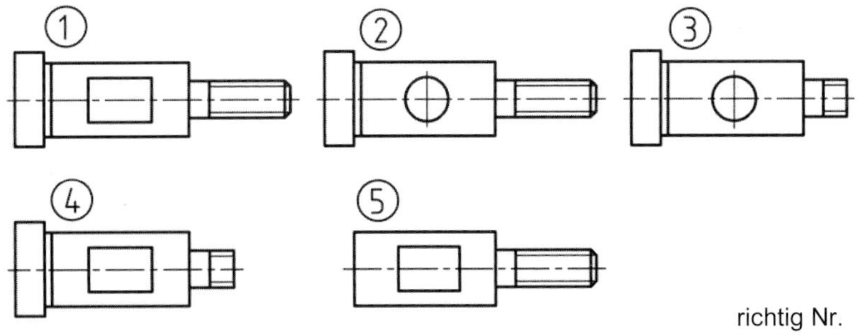

richtig Nr. 1

Merkmale: Darstellung, Abmessungen ...	Entscheidungskriterien: Normen, Funktion, Montage ...	Lösungsvorschlag 1	2	3	4	5	Begründung für das Ausscheiden des Lösungsvorschlags
Gewindelänge	In Gesamtzeichnungen werden Muttern und Scheiben nicht geschnitten.	r	r	f	f	r	Der Gewindebolzen geht durch Scheibe und Mutter.
linker zylindrischer Ansatz (Bund)	Beim Anziehen der Mutter muss eine Gegenfläche vorhanden sein.	r	r			f	Der linke zylindrische Ansatz fehlt.
Länge des Durchbruchs	Abmessungen der Baugruppe und der Einzelteile müssen übereinstimmen	r	f				Die Länge und der Durchmesser sind ungleich.
Kontrolle		r					Eine Querbohrung würde Kurven ergeben.

Aufgabe 1: Welches Bild stellt Pos. 2 des Werkzeughalters im Halbschnitt richtig dar?

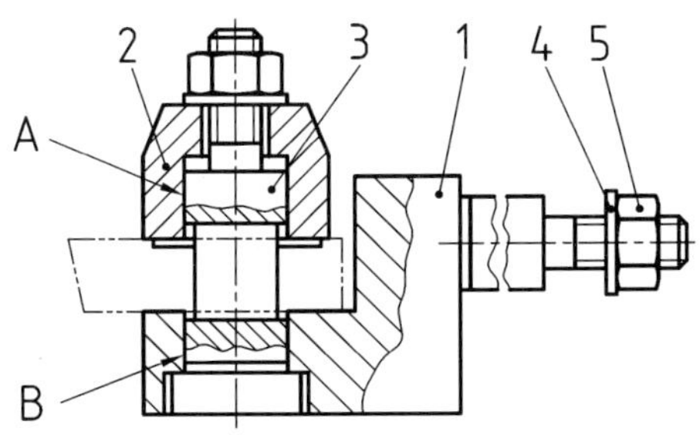

richtig Nr. ☐

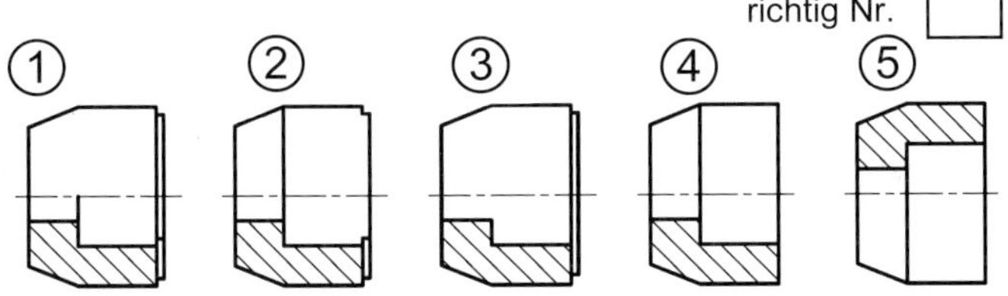

Aufgabe 2: Pos. 2 soll zu Pos. 3 Spiel haben (Stelle A). Pos. 3 hat den Ø30-0,021. Welche Toleranzangabe für die Bohrung von Pos. 2 ist richtig?

① Ø30 ϒ 0,1 ② Ø30 + 0,1 ③ Ø30 – 0,021/+0,1
④ Ø30 – 0,1 ⑤ Ø30 – 0,5 / +0,6

richtig Nr. ☐

Aufgabe 3: Pos. 3 soll in in Pos. 1 drehbar sein und genau geführt werden (Stelle B). Welche Passung ist dafür richtig?

① Ø30 H7/g6 ② Ø30 h7/h5 ③ Ø30 h7/K6
④ Ø30 H12/m12 ⑤ Ø30 H6/F7

richtig Nr. ☐

Aufgabe 4: Wie wird die Passung zwischen Pos. 3 und Pos. 1 (Stelle B) bezeichnet?

① Übermaßpassung
② Übergangspassung
③ Spielpassung
④ Laufsitz
⑤ Überschusspassung

richtig Nr. ☐

Aufgabe 5: Bei Pos. 2 soll die Fläche des Außendurchmessers im Anlieferungszustand verbleiben. Welche Oberflächenangabe ist für diese Fläche richtig?

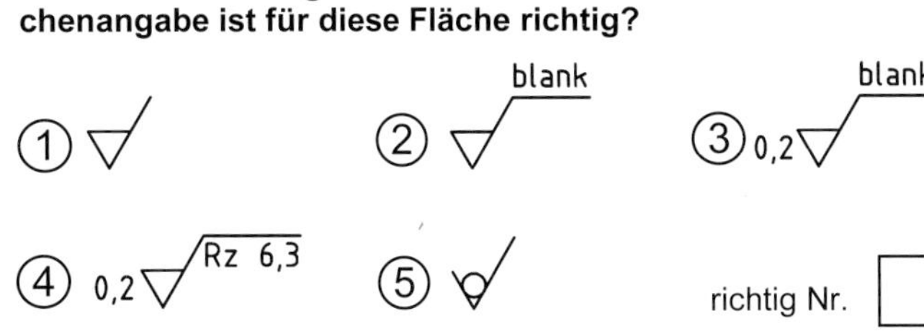

richtig Nr. ☐

Aufgabe 6: Bei Pos. 3 ist an der Stelle B die folgende Oberflächenangabe eingetragen. Welche Aussage ist richtig?

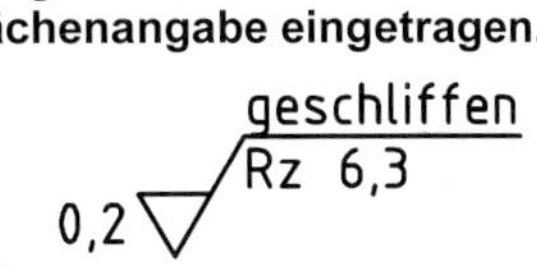

① Die Bearbeitungszugabe beträgt 6,3 µm.
② Die Fläche darf nicht materialabtragend bearbeitet werden.
③ Die Fläche muss materialabtragend bearbeitet werden.
④ Der Rauheitswert beträgt 2 x 6,3 µm = 1,26 µm.
⑤ Der Rauheitswert beträgt 6,3 µm ± 0,2 µm.

richtig Nr. ☐

Bearbeiten Sie diese Gesamtzeichnung mit eigenen Aufgabenstellungen. In den folgenden Angaben finden Sie Anregungen. Dokumentieren und präsentieren Sie Ihre Ergebnisse.

<u>Technische Kommunikation</u>
Gesamtzeichnung und Stückliste, Teilzeichnungen
Werkstoffe, Halbzeuge, Normteile
Toleranzen, Oberflächenbeschaffenheit ...

<u>Technologie</u>
Verbindungstechniken
Fertigungstechniken, Werkzeuge, Fertigungspläne
Funktion, Montage ...

<u>Technische Mathematik</u>
Bewegungen
Hebelgesetz, Drehmoment, Kräfte ...

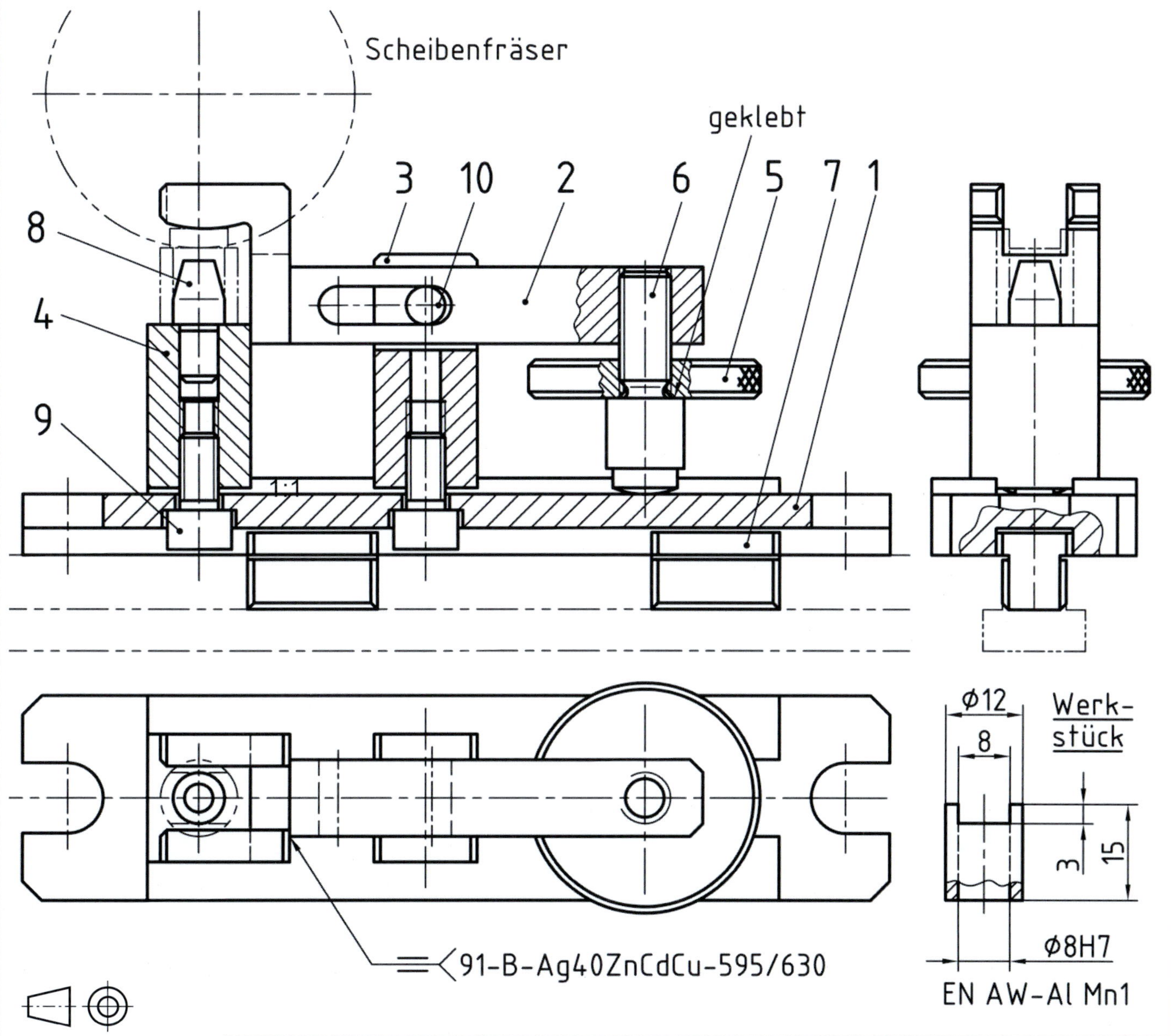

Abb. 1

Pos.	Menge	Benennung / Norm-Kurzbezeichnung	Werkstoff	Halbzeug / Bemerkung
10	1	Zylinderstift ISO 8734 – 6x20	B – St	
9	2	Zylinderschraube ISO 4762 – M6x12	10.9	
8	1	Aufnahmebolzen DIN 6321 – B 8x10	St	
7	2	Nutenstein DIN 6323 – A 12x10	St	
6	1	Führungsbolzen	16MnCr5	Rd EN 10278 – 10h11x37
5	1	Rändelscheibe	S235JR	Rd EN 10278 – 36h11x8
4	1	Aufnahme	S235JR	Fl EN 10278 – 20x16x28
3	1	Lager	S235JR	Fl EN 10278 – 20x16x39
2	1	Spanneisen		aus 2.1 und 2.2
2.2	1	Greifer	E295	4kt EN 10278 – 20h11x27
2.1	1	Leiste	E295	4kt EN 10278 – 12h11x66
1	1	Grundplatte	E295	Fl EN 10278 – 32x12x137

Maßstab 1:1		Datum	Name	Klasse	Schule	
	Bearbeitet					
Allgemeintoleranzen ISO 2768 -	Geprüft					
Toler.Maß	Grenzabmaße	Fräsvorrichtung (Freiarbeit)				Blatt Nr.

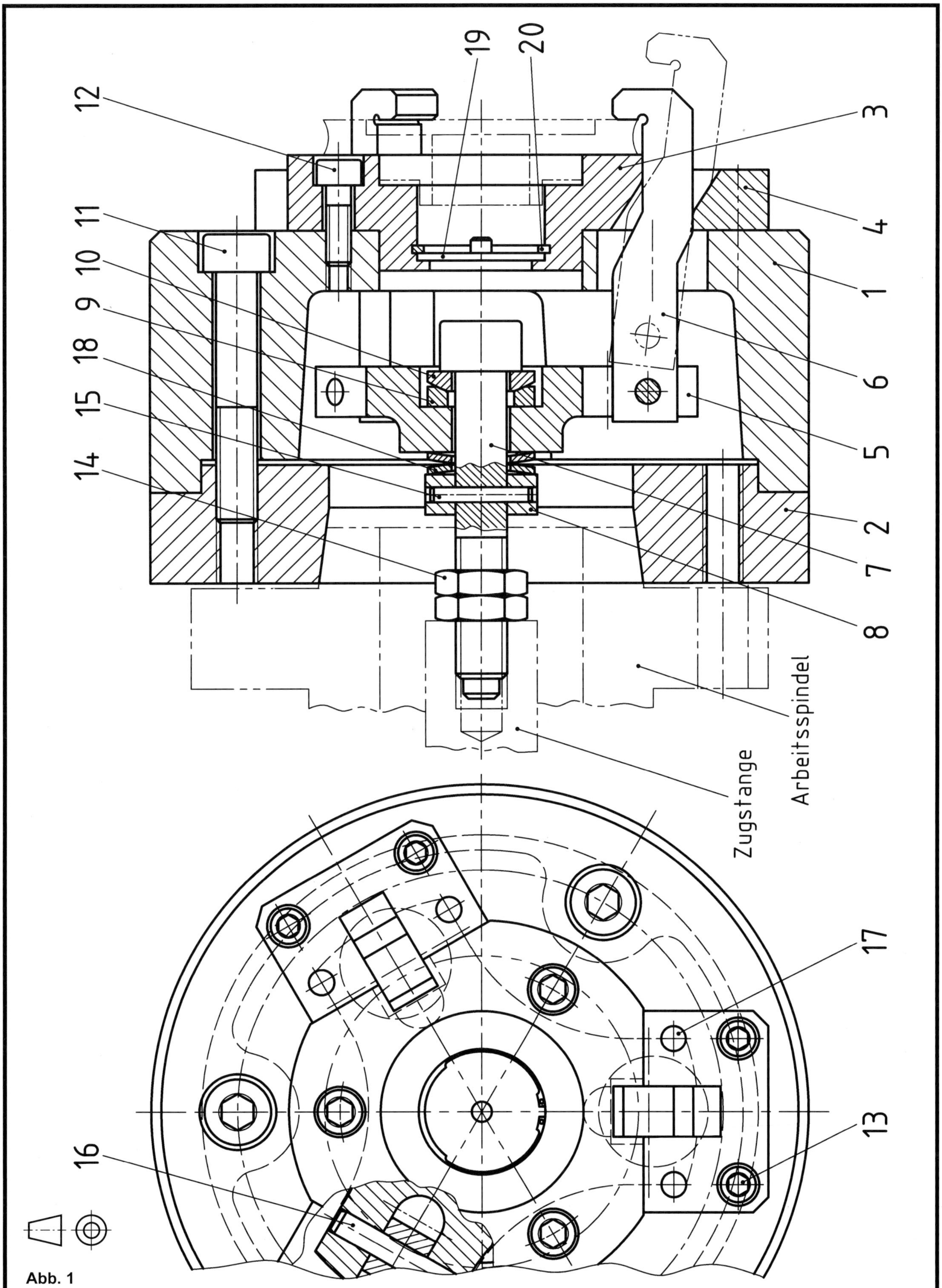

Abb. 1

		Maßstab 1:1		Datum	Name	Klasse	Schule
			Bearbeitet				
		Allgemeintoleranzen ISO 2768 -	Geprüft				
Toler.Maß	Grenzabmaße		Drehvorrichtung				Blatt Nr.

Stückliste der Drehvorrichtung (Blatt 14)

Pos.	Menge	Benennung / Norm-Kurzbezeichnung	Werkstoff	Halbzeug / Bemerkung
1	1	Grundkörper	EN-GJL-300	Modell DV – 230
2	1	Zwischenflansch	EN-GJL-300	Modell DV – 231
3	1	Aufnahme	16MnCrPb5	Rd EN 10278 – 75h11 x 25
4	3	Führungssegment	C60	Fl EN 10278 – 25 x 12 x 42
5	1	Spannstern	S275JR	Rd EN 10278 – 85h11 x 19
6	3	Spannhaken	C60	Fl EN 10278 – 16 x 10 x 68
7	1	Spannbolzen		
7a	1	Zylinderschraube ISO 4762 – M10 x 65	8.8	Ausgangsteil für Pos. 7
8	1	Ring	E335	Rd EN 10278 – 22h11 x 10
9	1	Kegelpfanne DIN 6319 – D12	St	
10	1	Kugelscheibe DIN 6319 – C10,5	St	
11	3	Zylinderschraube ISO 4762 – M8 x 50	8.8	
12	3	Zylinderschraube ISO 4762 – M5 x 16	8.8	
13	6	Zylinderschraube ISO 4762 – M4 x 16	8.8	
14	2	Sechskantmutter ISO 4035 – M10	05	
15	1	Zylinderstift ISO 8734 – 3 x 20	B – St	
16	3	Zylinderstift ISO 8734 – 5 x 28	B – St	
17	6	Zylinderstift ISO 8734 – 5 x 26	B – St	
18	2	Tellerfeder DIN 2093 – A20	55Cr3	
19	1	Deckel	11SMn30	Rd EN 10278 – 25h11 x 7
20	1	Sicherungsring DIN 472 – 25 x 1,2	St	

Werkstücke werden auf Drehmaschinen meist mit Universalspannmitteln, z. B. Dreibackenfuttern, gespannt. Für die Serienfertigung und Werkstücke mit besonderen Geometrieelementen benötigt man spezielle Drehvorrichtungen.

Aufgabe 1: Teile der Drehvorrichtung erkennen

Legen Sie auf Blatt 14 die Teile 1 bis 7 verschiedenfarbig an.

Aufgabe 2: Notwendigkeit von Schnitten in Zeichnungen begründen

a) Tragen Sie in Abb. 1 und 2 die Nummern der Teile ein. Legen Sie die Teile 1 bis 7 in beiden Abbildungen und der Stückliste mit den gleichen Farben wie in Blatt 14 an.

b) Warum ist die Drehvorrichtung (Bl. 14) im Schnitt dargestellt?

Aufgabe 3: Befestigung der Drehvorrichtung beschreiben, Werkzeuge und Hilfsmittel angeben

Aufgabe 4: Spannvorgang der Drehvorrichtung beschreiben

Das Werkstück wird in die .... eingelegt und zugleich positioniert. Zum Spannen bewegt man die Zugstange nach .... Der Spannbolzen (7) überträgt die Bewegungen der Zugstange über den Spannstern (5) auf die .... Dabei gleiten die Spannhaken über die Schrägen der .... , schwenken dann nach .... und pressen das Werkstück an die Ringfläche der .... Durch die Kegelpfanne (9) und die Kugelscheibe (10) lässt sich der Spannstern auf dem Spannbolzen .... Dadurch wird bei allen drei Spannhaken eine .... Spannung erreicht.

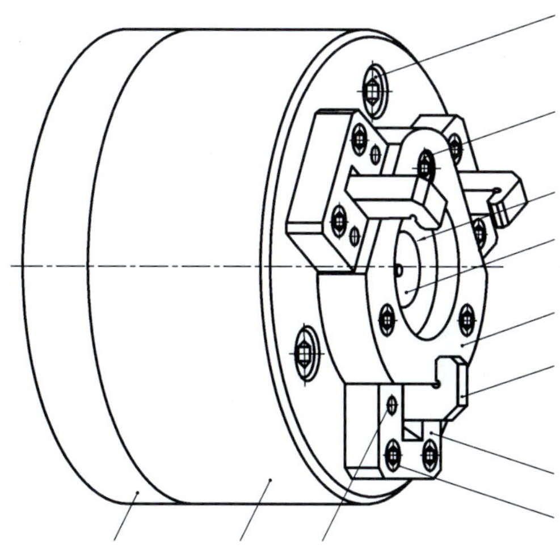

Abb. 1

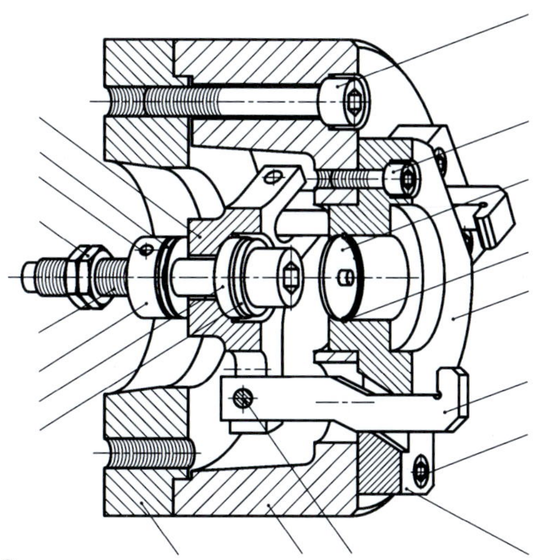

Abb. 2

Drehvorrichtung	Einrichten der Maschine Spannvorgang	Datum	Klasse	Name	Blatt Nr.

Werkstücknullpunkt

Bei der fertigungsgerechten Maßeintragung wird meist von Werkstücknullpunkten ausgegangen.

- Bei Drehteilen liegt er mittig in der rechten Planfläche.
- Bei zweiseitiger Bearbeitung ergeben sich zwei Nullpunkte.
- Bei Quadern liegt er häufig vorne, links und oben.

Maßeintragung (nach DIN 406)

Parallelbemaßung: Jede Maßangabe erfolgt mit einer eigenen Maßlinie (siehe Tabb. Seite ....).

Steigende Bemaßung: Meist wird in einer Richtung nur eine Maßlinie verwendet. Eintragung der Ursprungskreise, der Pfeile und Maßzahlen (siehe Tabb. Seite ....).

Kombinierte Bemaßung: Steigende Bemaßung, kombiniert mit Einzelbemaßung (als Parallelbemaßung), wird angewendet, wenn ein Geometrieelement unabhängig von anderen Abmessungen

- eine Maßtoleranz erhalten soll,
- eine genormte Form aufweist (z. B. Gewindefreistich).

Aufgabe 1: Teilzeichnungen ergänzen

a) Der Spannbolzen (7) entsteht durch Nacharbeit an der Zylinderschraube (7a). Bemaßen Sie diese Nacharbeit.

b) Bemaßen Sie den Spannhaken (6) mit kombinierter Bemaßung
Parallelbemaßung: Formmaße (Winkel, Bohrungen)
steigende Bemaßung: restliche Maße
Der Spannhaken (6) ist gehärtet und angelassen (58+3 HRC).

7

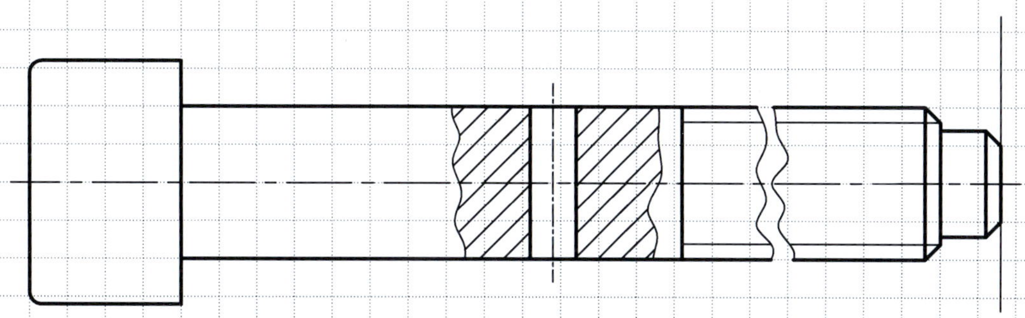

6

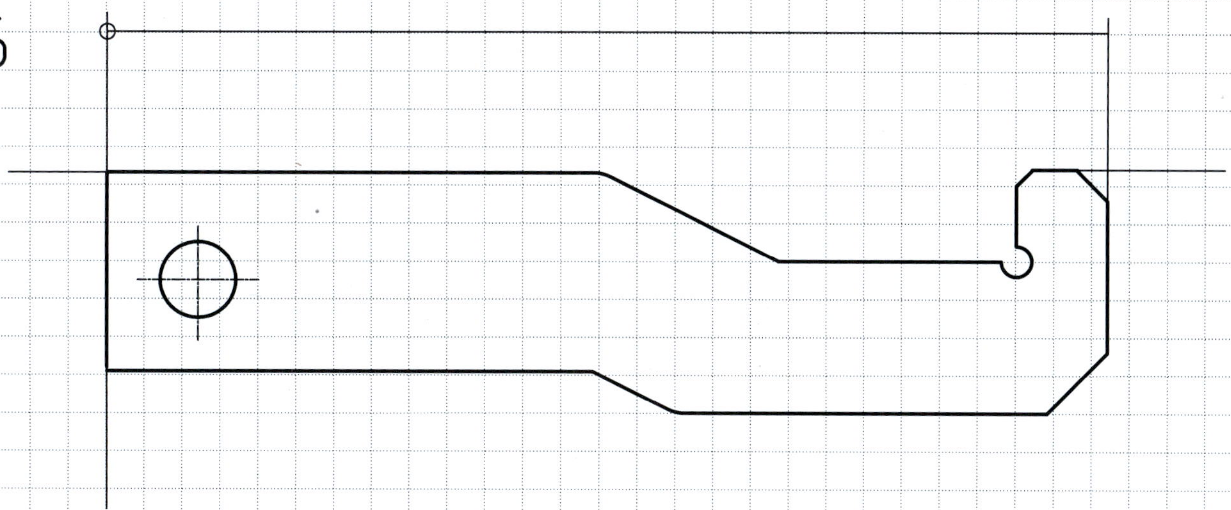

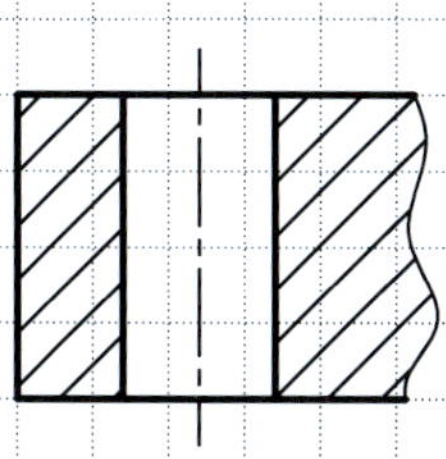

Abb. 1

		7	1	Spannbolzen		
		6	3	Spannhaken		
		Pos.	Menge	Benennung / Norm-Kurzbezeichnung	Werkstoff	Halbzeug / Bemerkung

Maßstab 2:1		Datum	Name	Klasse	Schule	
	Bearbeitet					
Allgemeintoleranzen ISO 2768 -	Geprüft			....	....	
	Drehvorrichtung	Parallelbemaßung, steigende Bemaßung Teilzeichnungen Pos. 6 und 7				Blatt Nr. ....

Toler.Maß	Grenzabmaße

Bei komplizierten Werkstücken hilft neben Vollschnitt, Halbschnitt und Teilschnitt oft eine versetzte Schnittebene zum besseren Verständnis. Der Schnittverlauf muss gekennzeichnet werden.

Anordnung und Kennzeichnung von Schnitten (Abb. 1)

1. Die Lage der Schnittebene kennzeichnet man durch,
   - Schnittlinie im Bereich des Umrisses und der Knickstellen
   - Pfeile in Blickrichtung und zwei gleiche Großbuchstaben bei der Schnittlinie.
2. Schnittlinien sind breite Strichpunktlinien. Pfeile sind 1,5-mal so lang wie Maßpfeile mit 30°. Großbuchstaben für den Schnittverlauf schreibt man 1,5-mal so groß wie Maßzahlen.
3. Die Großbuchstaben stehen auch jeweils über dem Schnitt.

Aufgabe 1: Teilzeichnung für das Führungssegment (4) anfertigen

a) Stellen Sie die Seitenansicht im Vollschnitt dar, wobei der Schnitt durch die Mitte des Werkstücks verläuft.

b) Zeichnen Sie die Draufsicht im Vollschnitt durch eine Stiftbohrung und eine Bohrung mit Senkung. Tragen Sie den versetzten Schnittverlauf in die Vorderansicht ein.

c) Bemaßen Sie in einer gemischten Bemaßung.

d) Geben Sie die Oberflächenbeschaffenheit mit *Rz*-Werten an.

Aufgabe 2: Englische Bezugsquelle für Ersatzteile nutzen

Im Internet finden Sie einen Anbieter für Dichtungselemente. Übersetzen Sie sinngemäß folgenden Text, der auf der Startseite erscheint.

Your advantage when register with Sealtec:

- Ask online or use your mobile phone to check the availability of Sealtec products.
- Request online (clearence through Sealtec Service Center required)
- Order online
- Free download of CAD geometries, calculation programs and brochures
- Consulting via e-mail

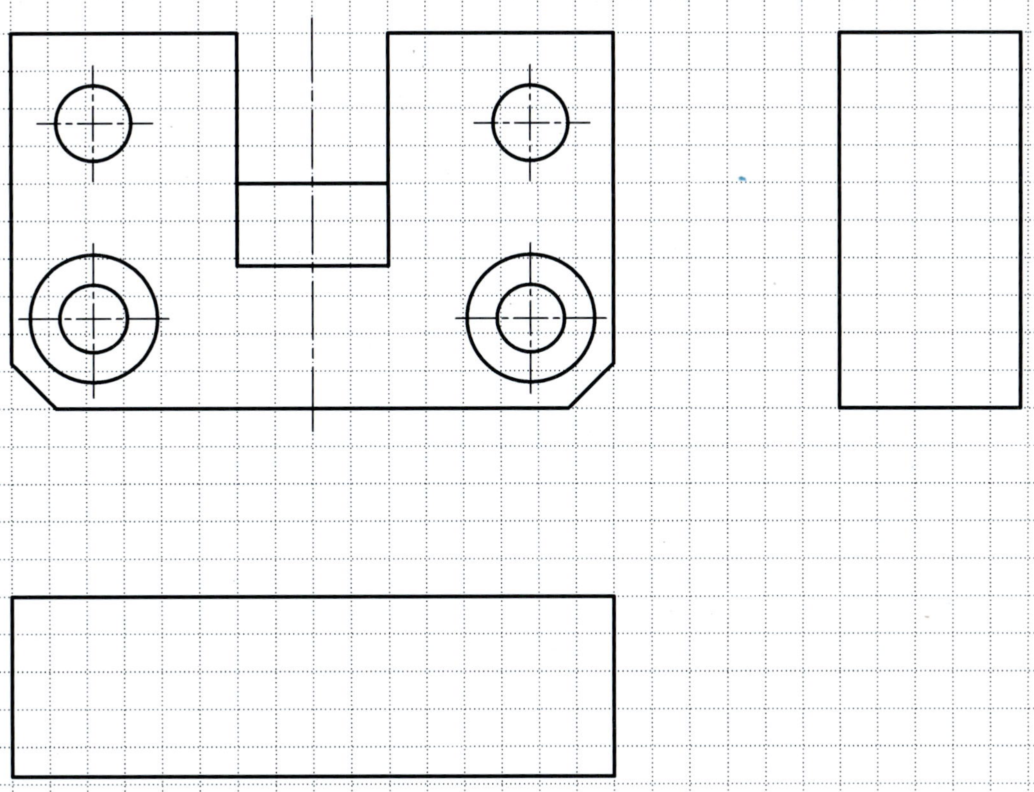

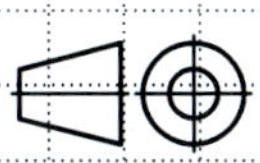

Abb. 2

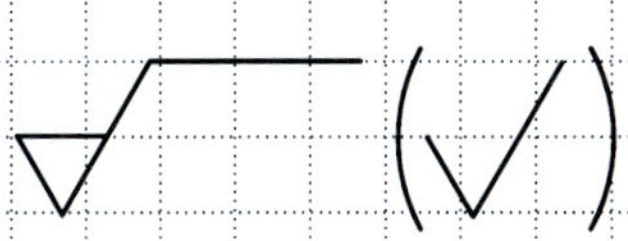

	4	1	Führungssegment			
	Pos.	Menge	Benennung / Norm-Kurzbezeichnung	Werkstoff		Halbzeug / Bemerkung
	Maßstab 2:1		Datum	Name	Klasse	Schule
		Bearbeitet				
	Allgemeintoleranzen ISO 2768 -	Geprüft				
Toler.Maß | Grenzabmaße		Drehvorrichtung	Schnitte Teilzeichnung: Führungssegment (4)			Blatt Nr.

Die Montage der Drehvorrichtung erfordert Kenntnisse im Lesen von Zeichnungen und Stücklisten. Dadurch wird eine sorgfältige Planung möglich für

- den Montageablauf und die Vormontage von Baugruppen (dazu ist auch ein Strukturplan sinnvoll)
- die Bereitstellung von Werkzeugen und Hilfsmitteln
- die Einhaltung der Montagekräfte und Anziehdrehmomente
- die Mess- und Prüfmittel zur Endkontrolle ...

Aufgabe 1: Angaben in der Stückliste erläutern

ISO 8734 - B Zylinderstift (Toleranzklasse m6)

DIN 6319 – C 10,5

DIN 2093 – A 20

Aufgabe 2: Funktion von Teilen angeben

a) Welche Aufgabe hat der Deckel (19)?

b) Warum dürfen die beiden Tellerfedern (18) nicht vertauscht eingebaut werden?

Aufgabe 3: Strukturplan für die Montage ergänzen

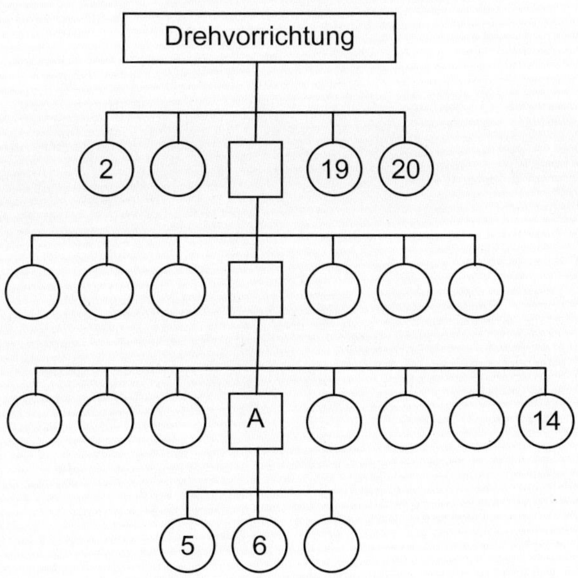

Aufgabe 4: Werkzeuge und Hilfsmittel für die Montage der Drehvorrichtung angeben

Aufgabe 5: Anziehdrehmoment und Spannkraft bestimmen

Die Zylinderschrauben (11) werden mit 70 % des im Tabellenbuch angegebenen Anziehdrehmoments montiert.

a) Mit welchem Drehmoment sind die Schrauben anzuziehen, wenn sie leicht geölt sind?

b) Welche Spannkraft entspricht diesem Drehmoment?

Aufgabe 6: Schraubverbindung berechnen

Die Zylinderschrauben (11) werden mit einer Kraft von jeweils 10 kN gespannt. Berechnen Sie folgende Werte:

a) die im Spannungsquerschnitt auftretende Zugspannung

b) die Reibkraft zwischen dem Grundkörper (1) und dem Zwischenflansch (2), verursacht durch die Kraft der Schrauben bei einer Reibungszahl $\mu = 0{,}15$

c) das Reibmoment, wenn der mittlere Auflagedurchmesser 120 mm beträgt

d) die Leistung, die durch diesen Reibschluss bei einer Drehzahl (=Umdrehungsfrequenz) $n = 1500$ 1/min übertragen wird

e) die zulässige Schnittleistung bei einer Sicherheitszahl $\nu = 3$

Aufgabe 7: Scherbeanspruchung der Zylinderstifte (16) berechnen

In der Zugstange wirkt eine Kraft von 2500 N.

a) Wie groß ist die bei den Zylinderstiften auftretende Scherspannung? Beachten Sie die Anzahl der Querschnitte.

b) Kontrollieren Sie, ob diese Scherspannung den zulässigen Wert überschreitet, wenn eine Sicherheitszahl $\nu = 3$ bezüglich der Streckgrenze verlangt wird.

<u>Hinweis</u>: Der Werkstoff des Zylinderstifts entspricht einem E335.

Die Drehvorrichtung, die nur für die Bearbeitung eines Werkstücks entwickelt wurde, soll bei Serienfertigung die Wirtschaftlichkeit erhöhen und die verlangte Genauigkeit sichern.

Die Funktion der Drehvorrichtung ist nur gewährleistet, wenn die Teile auch bezüglich ihrer geometrischen Tolerierung die geduldeten Abweichungen (= Toleranzen) nicht überschreiten.

Die geometrische Tolerierung erfasst die Tolerierung von Form, Richtung, Ort und Lauf der Geometrieelemente eines Teils.

Beispiel für Tolerierung der Form

Einer der Spannhaken (6) hat sich durch die Wärmebehandlung verzogen. Er klemmt im Führungssegment (4). Diese Abweichung von der Ebenheit ist nicht zulässig; sie liegt außerhalb der Formtoleranz.

Eintragen von Formtoleranzen in Zeichnungen

Bei werkstattüblicher Genauigkeit werden Formtoleranzen durch Allgemeintoleranzen nach ISO 2768 festgelegt. Die zulässigen Abweichungen sind durch die Toleranzklassen H, K und L anzugeben. Sie werden zusammen mit den Allgemeintoleranzen für Maße im Schriftfeld eingetragen.

Beispiel: Allgemeintoleranzen ISO 2768 – m K

Höhere Anforderungen legt man nach DIN ISO 1101 fest.

1. Ein Zeichnungseintrag setzt sich zusammen aus (Abb. 2):
   Bezugspfeil, der in Prüfrichtung auf das tolerierte Element weist
   Toleranzrahmen mit dem Sinnbild für die tolerierte Eigenschaft (= tolerierte Form) und dem Toleranzwert (= Größe der Toleranzzone in mm)
2. Ein Bezugspfeil in Verlängerung der Maßlinie eines Durchmessers bedeutet, dass die Zylinderachse toleriert wird (Abb.2a).
3. Bezieht sich die Toleranz auf Linien oder Flächen, dann ist der Bezugspfeil um mindestens 4 mm versetzt zur Maßlinie anzubringen.

Aufgabe 1: Ebenheitstoleranz bestimmen

Wie groß ist in Abb. 2d für die linke Planfläche Ø80 die Toleranz bei Allgemeintoleranzen ISO 2768 – m K? .... mm

Aufgabe 2: Fertigungsbedingte Formabweichungen angeben

Fertigungsverfahren	Formabweichung von	Sinnbild
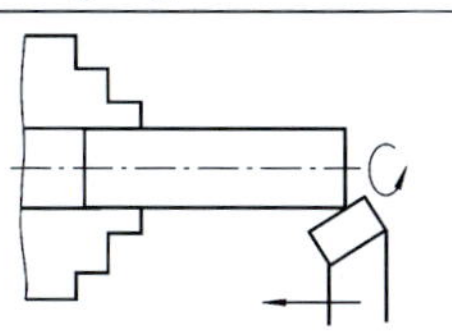	....	
	....	
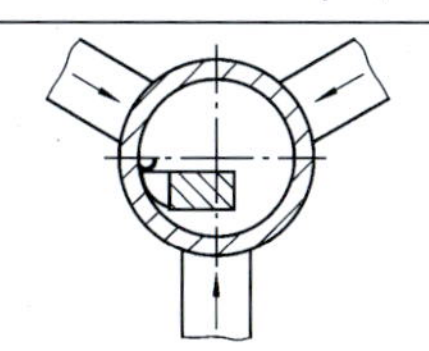	....	
	....	
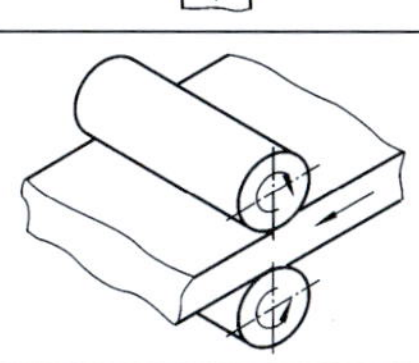	....	
	....	
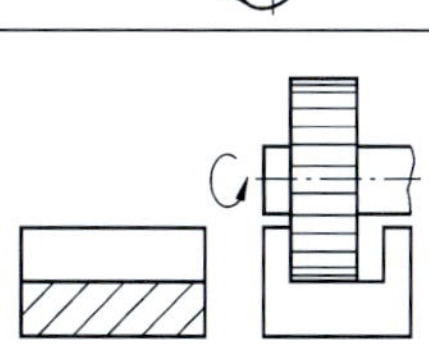	....	
	....	

Abb. 1

Aufgabe 3: Formtoleranzen erläutern

a) Kennzeichnen Sie das tolerierte Element farbig.

b) Benennen Sie die tolerierte Eigenschaft und das tolerierte Element.

c) Nennen Sie zu jedem Fall Teile (Positions-Nr.) aus der Drehvorrichtung, zu denen die jeweilige Formtoleranz passt.

Zeichnung mit Toleranzangabe	tolerierte Eigenschaft	toleriertes Element	Pos.-Nr.
a) 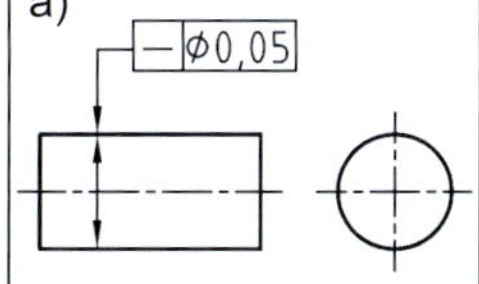	....	....	
b) 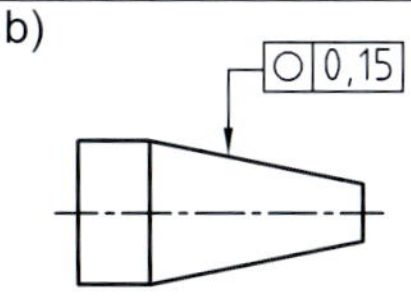	....	....	
c) 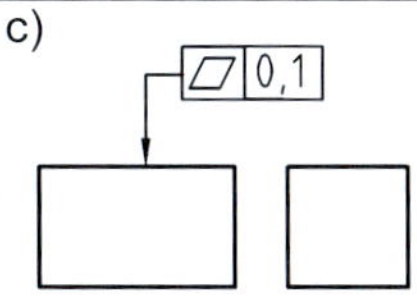	....	....	
d) 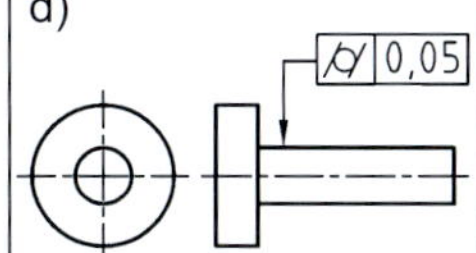	....	....	

Abb. 2

Aufgabe 4: Formtoleranzen für den Zwischenflansch (2) eintragen (Abb. 3)

Tragen Sie Formtoleranzen nach folgenden Bedingungen ein:

a) Beide Stirnflächen müssen zwischen zwei parallelen Ebenen mit einem Abstand von 0,1 mm liegen.

b) Die Mantelfläche des Außenzylinders (Ø130) muss zwischen zwei koaxialen Zylindern mit 0,1 mm Wandabstand liegen.

c) Die Umfangslinien des Innenkegels müssen zwischen zwei konzentrischen Kreisen mit 0,01 mm Kreislinienabstand senkrecht zur Achse liegen.

Abb. 3

Eintragung der Tolerierung von Richtung, Ort und Lauf

Toleranzrahmen und Bezugspfeile sind wie bei den Formtoleranzen auszuführen. Zusätzlich müssen die tolerierten Elemente auf Bezugselemente bezogen werden.

1. Das Bezugselement wird durch ein Bezugsdreieck und einem Bezugsbuchstaben gekennzeichnet.

   Dieser Buchstabe wird beim Bezugsdreieck und zusätzlich im Toleranzrahmen eingetragen.

2. Ist das Bezugselement
   - eine Achse, so steht das Bezugsdreieck in der Verlängerung zur Maßlinie für den Durchmesser,
   - eine Fläche, so trägt man das Bezugsdreieck um mindestens 4 mm von der Maßlinie versetzt ein.

Aufgabe 1: Tolerierungen erläutern

a) Kennzeichnen Sie in den Zeichnungen der ersten Spalte
- das Bezugselement z. B. blau
- das tolerierte Element z. B. rot

b) Tragen Sie in der zweiten Spalte ein:
- die tolerierte Eigenschaft
- den Toleranzwert
- das tolerierte Element
- das Bezugselement

a)

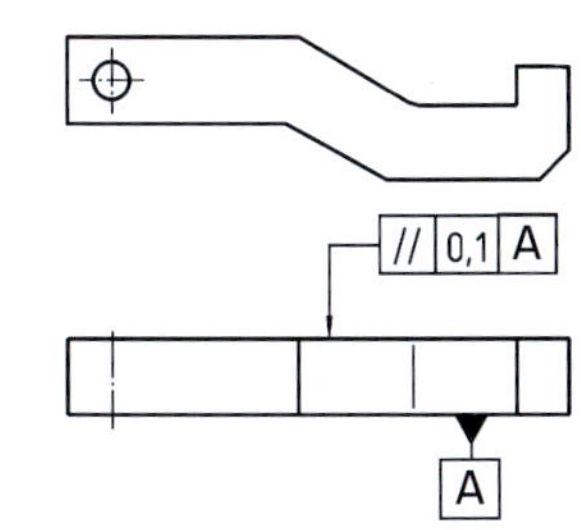

Tolerierte Eigenschaft: ....

Toleranzwert: ....

Toleriertes Element: ....

Bezugselement: ....

b)

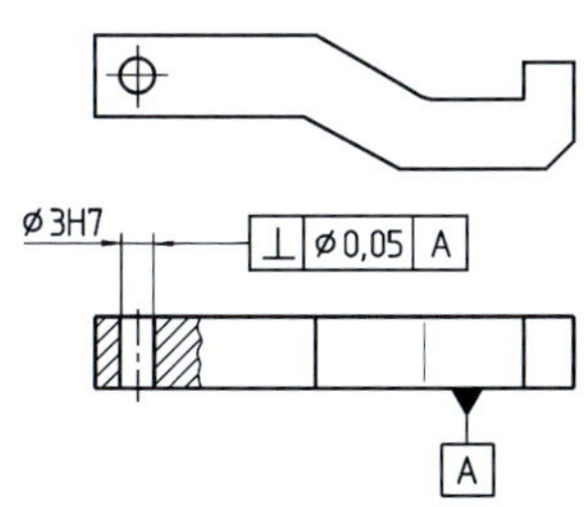

Tolerierte Eigenschaft: ....

Toleranzwert: ....

Toleriertes Element: ....

Bezugselement: ....

c)

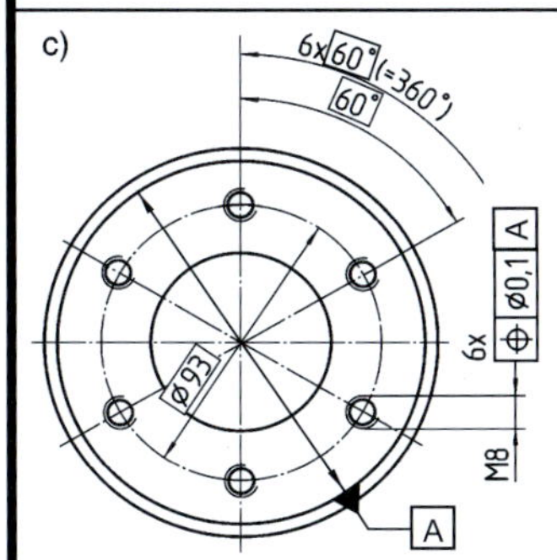

Tolerierte Eigenschaft: ....

Toleranzwert: ....

Toleriertes Element: ....

Bezugselement: ....

d)

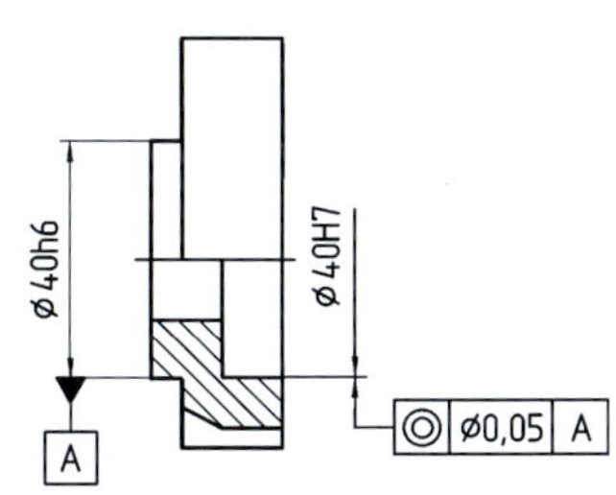

Tolerierte Eigenschaft: ....

Toleranzwert: ....

Toleriertes Element: ....

Bezugselement: ....

Aufgabe 2: Tolerierungen in Abb. 1 eintragen

Für den Zwischenflansch (2) der Drehvorrichtung gelten folgende Bedingungen:

a) Die Achse des rechten Aufnahmezapfens muss sich innerhalb eines Zylinders mit Durchmesser 0,02 mm befinden. Die Achse dieses Zylinders muss koaxial zur Achse des Kegels (Ø64) liegen.

b) Die Achsen der Gewinde müssen in einem Zylinder mit Ø0,1 mm verlaufen. Diese Zylinderachsen liegen theoretisch genau unter 60° auf einem Lochkreis mit Ø95 mm. Der Mittelpunkt des Lochkreises befindet sich im Mittelpunkt des Aufnahmezapfens (Ø110h7).

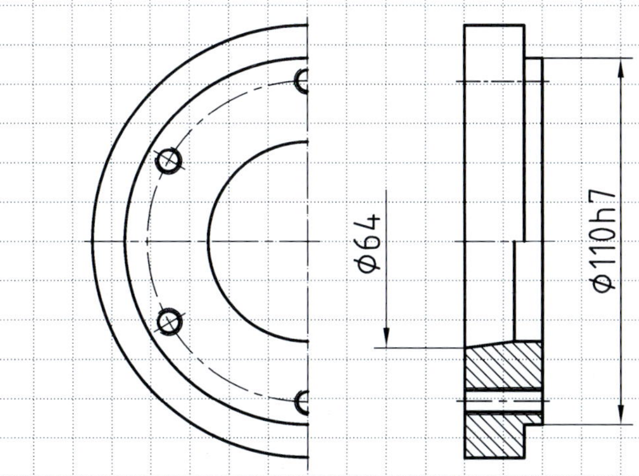

Abb. 1

Aufgabe 3: Tolerierungen eintragen (t = 0,05 mm), Toleranzbedingung erklären

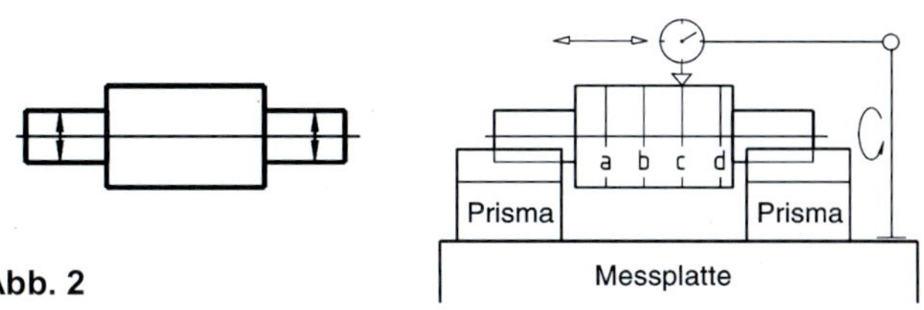

Abb. 2

....

....

....

....

Aufgabe 4: Normgerechte Eintragung ankreuzen bzw. Fehlerstellen markieren

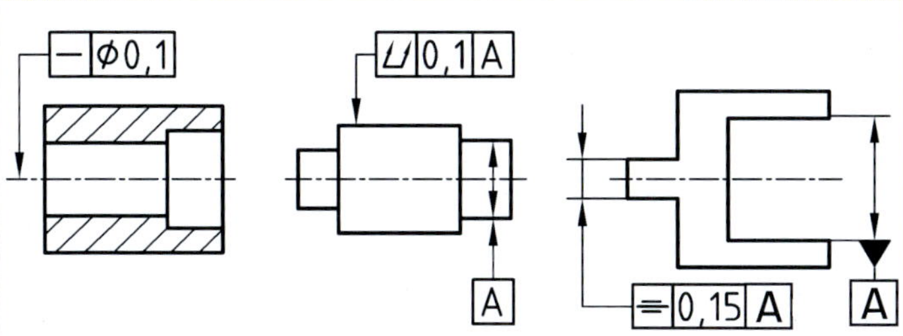

Abb. 3 ☐ ☐ ☐

Drehvorrichtung	Richtungstoleranzen: Orts- und Lauftoleranzen	Datum	Klasse	Name	Blatt Nr.

Bei der Angabe der Toleranzwerte und der Oberflächenbeschaffenheit sollen unnötig hohe Anforderungen vermieden werden. Dies führt oft zu wesentlich höheren Kosten, da u. U. andere Werkzeuge, andere Schnittwerte und andere Fertigungsverfahren erforderlich werden.

Aufgabe 1: Fertigungskosten vergleichen

Wie ändern sich beim Drehen die Fertigungskosten, wenn nach Abb. 1 statt R_z 10 ein R_z 4 verlangt wird?

Hinweis: Die beiden Fertigungsverahren können nicht miteinander verglichen werden.

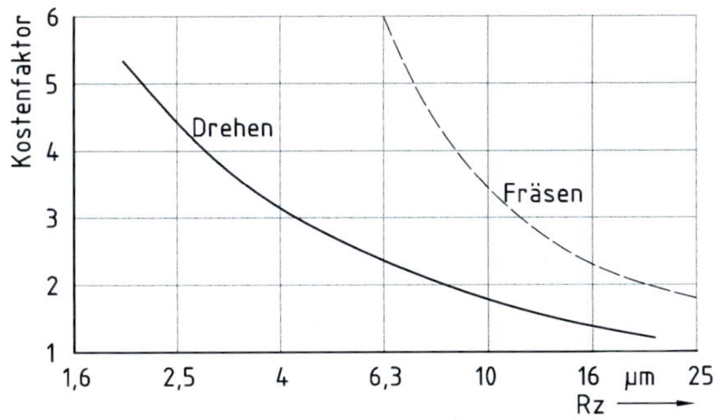

Abb. 1

....

....

Aufgabe 2: Teilzeichnung für die Aufnahme (3) ergänzen

Ergänzen Sie die Teilzeichnung entsprechend den folgenden Angaben:

1. Darstellung
   Seitenansicht im Schnitt
2. Bemaßung von Geometrieelementen
   Freistiche DIN 509 – F ... mit Kurzbezeichnung
3. Oberflächenbeschaffenheit
   Anlageflächen und Passflächen: *Rz* 2,5 – geschliffen
4. Maßtoleranzen
   - Toleranzklasse H7 bei der Werkstückaufnahme
   - Spielpassung mit ganz geringem Spiel (H7/h6) bei der Aufnahme (3) Ø40 und dem Grundkörper (1)
5. Geometrische Tolerierung
   - Ebenheit der Auflagefläche für das Werkstück (Toleranzwert 0,01 mm)
   - Koaxialität der Achse der Bohrung für die Werkstückaufnahme zur Achse des zylindrischen Ansatzes Ø40 für die Positionierung im Grundkörper (Toleranzwert Ø0,01 mm) – Bezugselement ist der zylindrische Ansatz Ø40.
6. Wärmebehandlung
   ganzes Teil einsatzgehärtet und angelassen 58 + 3 HRC
   Eht = 0,5 + 0,3

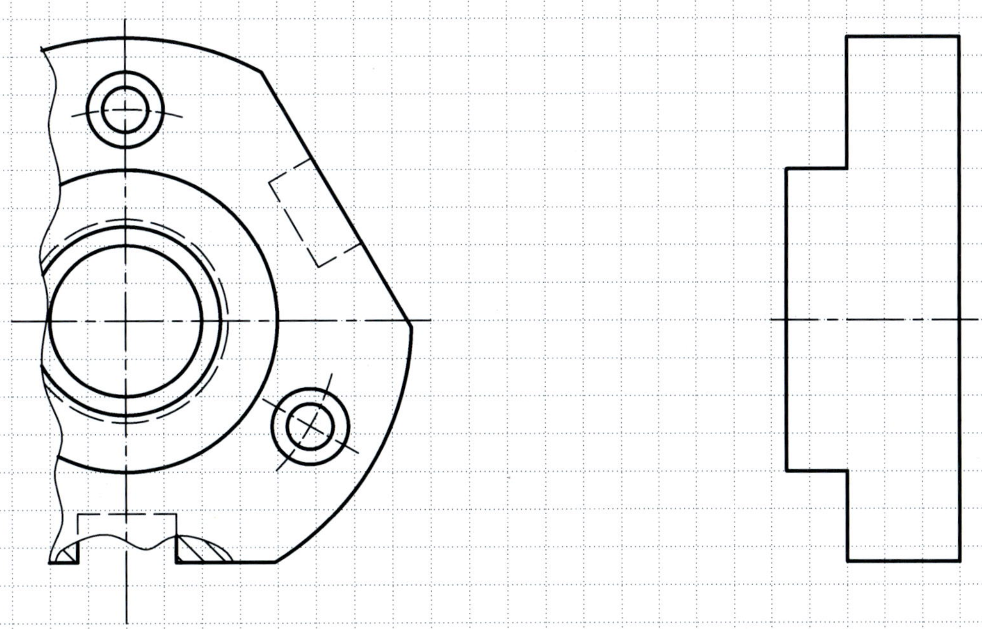

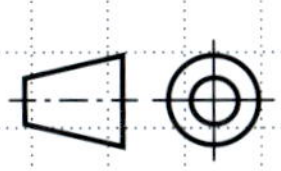

Abb. 2

		3	1	Aufnahme		
		Pos.	Menge	Benennung / Norm-Kurzbezeichnung	Werkstoff	Halbzeug / Bemerkung

Maßstab 1:1		Datum	Name	Klasse	Schule
	Bearbeitet				
Allgemein-toleranzen ISO 2768 -	Geprüft				
	Drehvorrichtung	Fertigungskosten Teilzeichnung: Aufnahme (3)			Blatt Nr.

Aufgabe 1: Teilzeichnung für den Spannstern (5) ergänzen

a) Darstellung
- Vorderansicht, Teilschnitt bei einer Stiftbohrung
- Seitenansicht mittig durch zwei Arme (geknickter Schnitt)

  Hinweis: Schnittverlauf in die Vorderansicht eintragen!

b) Maßtoleranzen: Allgemeintoleranzen ISO 2768 mK
Einzeltoleranz für Stiftbohrungen

c) Oberflächen: allgemein: Kenngröße *Rz* 25
Ausnahmen: geriebene Stiftbohrung
Ø85 unbearbeitet

d) Geometrische Tolerierung: Rechtwinkligkeit der Stiftbohrungen zu einer Seitenfläche der Nuten: *t* = Ø0,05 mm
Parallelität der beiden Seitenflächen einer Nut: *t* = 0,05 mm

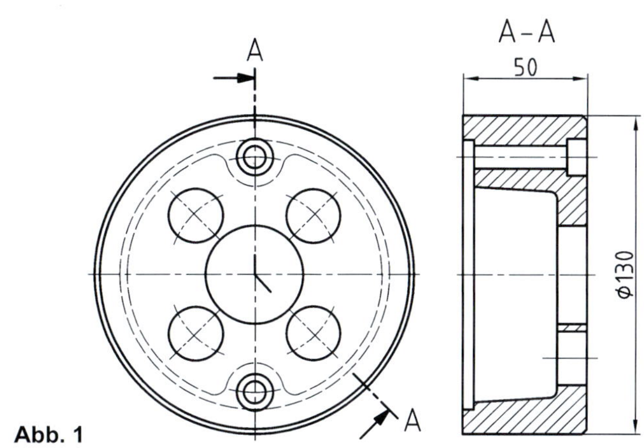

Abb. 1

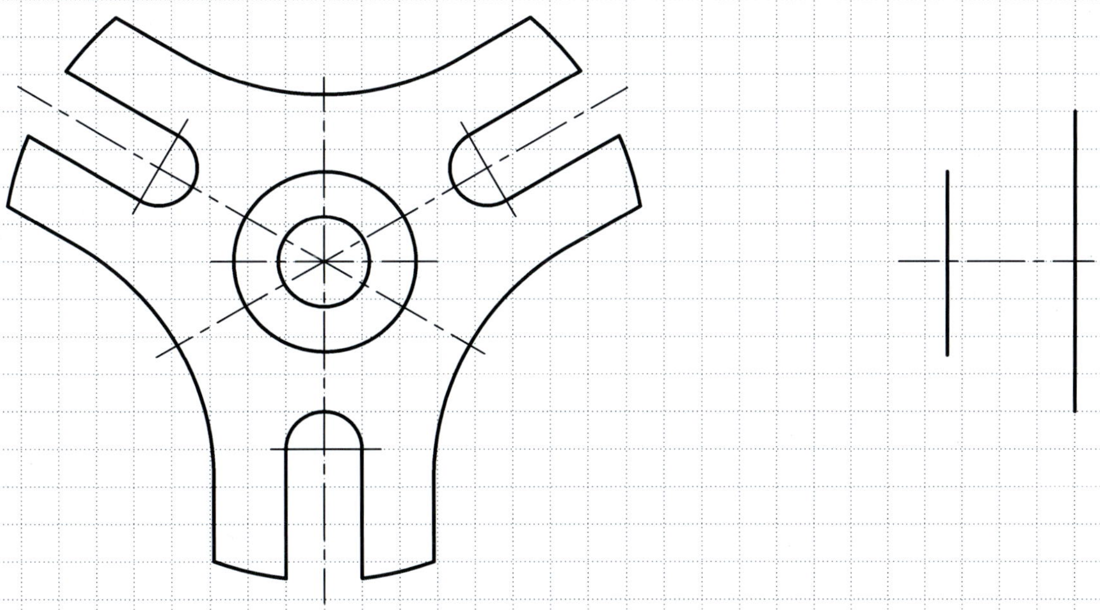

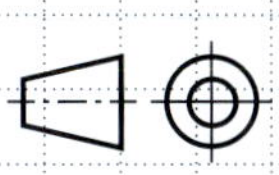

Abb. 1

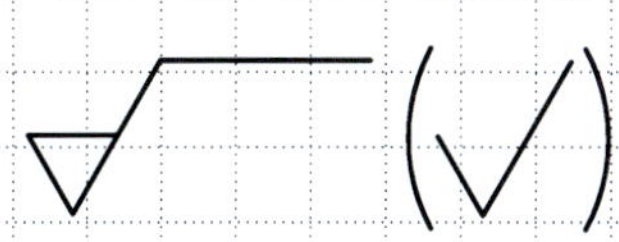

		5	1	Spannstern		
		Pos.	Menge	Benennung / Norm-Kurzbezeichnung	Werkstoff	Halbzeug / Bemerkung

Maßstab 1:1		Datum	Name	Klasse	Schule
	Bearbeitet				
Allgemeintoleranzen ISO 2768 -	Geprüft				
	Drehvorrichtung	Schnittebenen Teilzeichnung: Spannstern (5)			Blatt Nr.

Werkstücke sollen möglichst kostengünstig gefertigt werden. Dies verlangt eine sorgfältige Fertigungsplanung und den Einsatz geeigneter Betriebsmittel. Dadurch kann insbesondere die Hauptnutzungszeit und die Nebennutzungszeit reduziert werden. Die Kenntnis der Schnittkraft und Schnittleistung erleichtert die Auswahl der geeigneten Werkzeugmaschine.

Vor allem Werkstücke mit komplizierten Formen und höheren Anforderungen an die Genauigkeit, die in größeren Stückzahlen zu fertigen sind, positioniert und spannt man in speziellen Vorrichtungen. Mit der Drehvorrichtung (Blatt 14) wird bei der Laufscheibe die Innenform in einer Aufspannung bearbeitet. Dadurch wird die verlangte Lagetoleranz der Planfläche zur Bohrungsachse eingehalten.

Für gedrehte Werkstücke kann die Kenngröße Rz angenähert aus dem Schneidenradius r und dem Vorschub f ermittelt werden,

$$Rz = \frac{f^2}{8 \cdot r}$$

Aufgabe 1: Aufnahme des Werkstücks in der Drehvorrichtung erläutern

a) Kennzeichnen Sie die Flächen des Werkstücks, an denen es in der Vorrichtung positioniert wird (Abb. 1).

b) Deuten Sie die Spannkraft mit Pfeilen an.

c) Warum wird das Teil nicht mit einem Dreibackenfutter gespannt?

....

....

....

Aufgabe 2. Einstellwerte festlegen und Hauptnutzungszeit berechnen

Das in der Vorrichtung zu bearbeitende Werkstück ist mit Ø19 vorgebohrt. Bestimmen Sie

a) die Drehfrequenz (Drehzahl) für das Längsrunddrehen der Innenform bei einer Schnittgeschwindigkeit v_c = 55 m/min,

b) die Hauptnutzungszeit für diese Innenbearbeitung, wenn in einem Schnitt über die ganze Werkstücklänge (l = 17 mm) gespant wird. Der Vorschub beträgt f = 0,2 mm, An- und Überlauf jeweils 1,5 mm,

c) die Drehfrequenz für das Querplandrehen der Ansenkung bei einer Schnittgewindigkeit v_c = 45 m/min,

d) die Hauptnutzungszeit für das Querplandrehen in zwei Schnitten, wenn der Vorschub f = 0,15 mm und der Anlauf l_a = 1,5 mm beträgt,

e) die gesamte Hauptnutzungszeit t_{hges} .

Aufgabe 3: Schnittwerte berechnen

Bestimmem Sie für das Längsrunddrehen der Bohrung bei der Schnitttiefe a = 0,5 mm, dem Einstellwinkel ι = 90° und den Angaben von Aufgabe 2 die folgenden Werte:

a) Spanungsquerschnitt A b) Spanungsdicke h

c) Schnittkraft F_c d) Zeitspanungsvolumen Q

e) Schnittleistung P_c f) zugeführte Leistung (η = 0,5)

Aufgabe 4: Einstellwerte beurteilen

Einstellwerte in Tabellen technischer Unterlagen liegen oft höher als in den Arbeitsplänen. Nennen Sie vier Einflussfaktoren für die Festlegung der Werte.

....

....

....

....

Aufgabe 5: Theoretisch erreichbare Rauheit bestimmen

Kontrollieren Sie, ob beim Längsrunddrehen der Bohrung (f = 0,2 mm) die verlangte Kenngröße für die Oberflächenbeschaffenheit bei einem Schneidenradius r = 0,5 mm eingehalten wird.

....

Aufgabe 6: Fertigungsplan für die Innenbearbeitung der Laufscheibe ergänzen

Fertigungsplan

Benennung: *Laufscheibe*

Zeichnungsnummer: *DV 126 – Z1*

Menge (Anzahl): *8000*

Werkstoff: *35S20*

Maschine: ....

Spannmittel: ....

Prüfmittel: ....

....

....

Hinweis: Die Zeichnung enthält nur Angaben für die Nacharbeit.

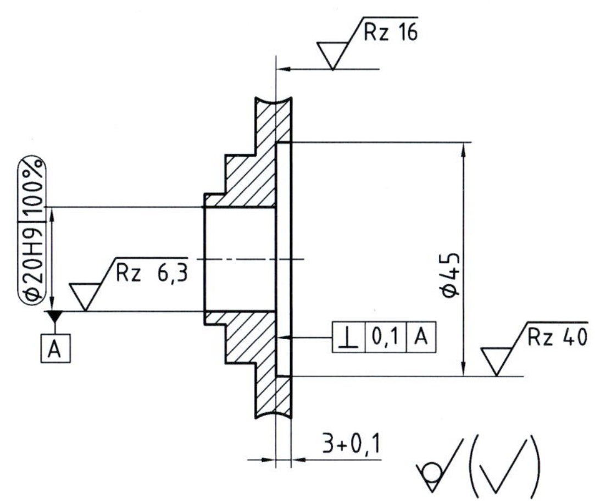

Abb. 1 Allgemeintoleranzen ISO 2768 – mK

Nr.	Fertigungsschritte (Arbeitsfolge)	Werkzeuge / Prüfmittel	a_p mm	f mm	v_c m/min	n 1/min
1	Maße der Außenform prüfen					
2	Bohrung Ø20 H9 längsrunddrehen					
3	Senkung vordrehen (Ø44x2,5)					
4	Senkung fertigdrehen					
5	Ø20 H9 prüfen (100 %)					
6	restliche Maße prüfen					
7	Oberflächenbeschaffenheit prüfen (5 %)					

Drehvorrichtung **Fertigungsplan Laufscheibe, Berechnungen, Bearbeitungsparameter**

Datum	Klasse	Name	Blatt Nr.
....	....	....	....

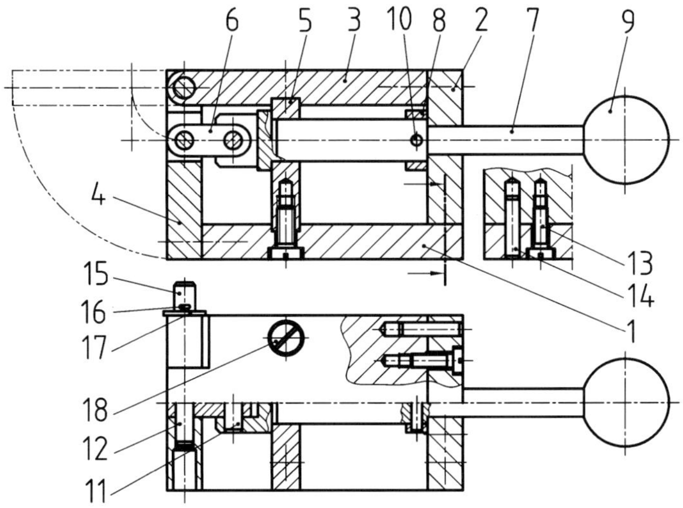

Klappenschieber			
Pos.	*Menge*	*Benennung*	*Werkstoff*
1	1	Grundplatte	E 295
2	1	Führungsplatte	E 295
3	1	Deckplatte	E 295
4	1	Klappe	E 295
5	1	Steg	E 295
6	1	Gelenk	E 295
7	1	Stößel	S 235JR
8	1	Ring	E 295
9	1	Kugelknopf DIN 319 – C 25	FS
10	1	Zylinderstift ISO 8734 – 3x18	B – St
11	1	Zylinderstift ISO 8734 – 5x18	B – St
12	1	Zylinderstift ISO 8734 – 5x24	B – St
13	6	Zylinderschraube ISO 1207 – M4x12	8.8
14	6	Zylinderstift ISO 8734 – 4x18	B – St
15	1	Bolzen ISO 2341 – B – 6x60	St
16	1	Splint ISO 1234 – 1,6x12	St
17	1	Scheibe ISO 7090 – 6	200HV
18	4	Zylinderschraube ISO 1207 – M5x12	8.8

Aufgabe 1: In welchem Bild ist Pos. 4 richtig dargestellt?

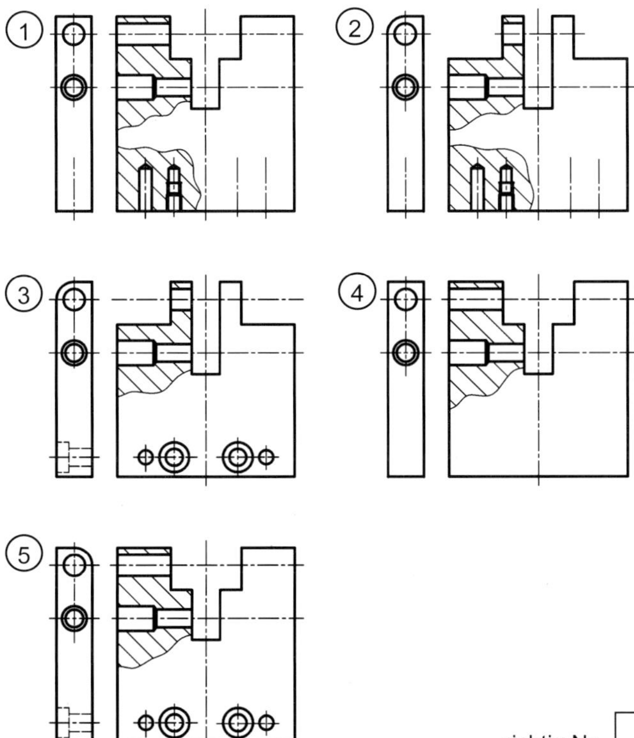

richtig Nr. ☐

Aufgabe 2: Welche Bedeutung hat der Eintrag an Pos. 5?

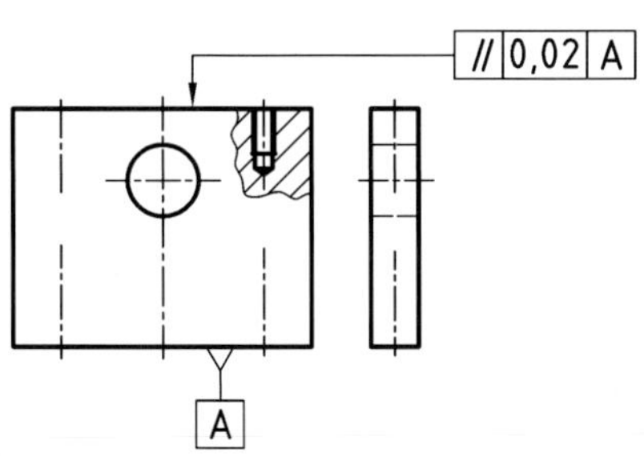

1. Ebenheit der unteren und oberen Fläche; Toleranz 0,02
2. Parallelität der oberen Fläche; bezogen auf die untere Fläche; Toleranz 0,02
3. Parallelität der unteren Fläche; bezogen auf die obere Fläche; Toleranz 0,02
4. Geradheit der oberen und unteren Fläche; Toleranz 0,02
5. Ebenheit der oberen Fläche; Abweichung von der unteren Fläche max. 0,2

richtig Nr. ☐

Aufgabe 3: In Pos. 2 soll die Mittelachse der Bohrung 8H7 senkrecht zur rechten Fläche stehen. Welche Angabe ist richtig?

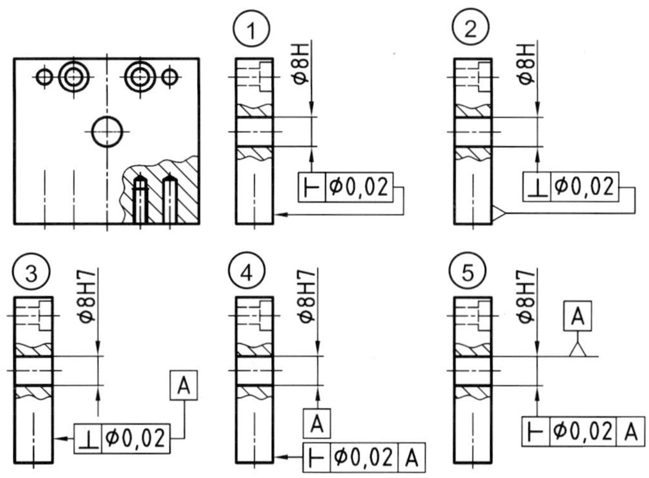

richtig Nr. ☐

Aufgabe 4: Welche Bedeutung hat bei Pos. 7 die Angabe DIN 509 – F0,4x0,2?

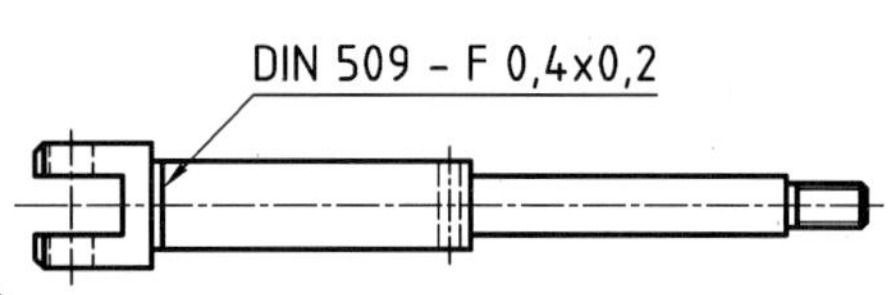

1. Freistich nur an der Zylinderfläche; 0,4 breit; 0,2 tief
2. Freistich am Zylinder 0,4 breit; an der Planfläche 0,2 breit
3. Freistich Radius in der Ecke 0,4; Radius am Auslauf 0,2
4. Freistich am Zylinder und an der Planfläche; max. 0,4 breit; tiefe an der Plan- und Zylinderfläche 0,2
5. Freistich an der Zylinder- und Planfläche; Radius in der Ecke 0,4; an der Zylinderfläche 0,2 tief

richtig Nr. ☐

Aufgabe 5: Die Teile erhalten Gewinde in unterschiedlicher Größe und Anzahl. Welche Angabe ist richtig?

1. Pos. 1: zweimal M4, zweimal M5
2. Pos. 2: zweimal M5
3. Pos. 3: zweimal M4
4. Pos. 4: zweimal M4, zweimal M5
5. Pos. 3: einmal M5, zweimal M4

richtig Nr. ☐

Werkzeuge zum Bohren und Fräsen

Werkzeug-Nr.	11
Bezeichnung	NC-Anbohrer HSS
DIN-Bezeichnung	
Aufnahme	Kurzspann-Bohrfutter
Werkzeugsystem	SK40
Simulations-Nr.	
Drehsinn M	3
Spitzenwinkel	120
Durchmesser	10
nutzbare Länge	25

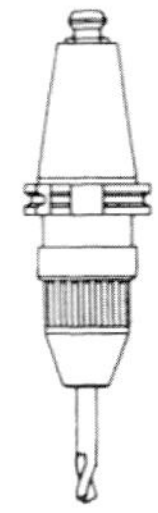

Werkzeug-Nr.	12
Bezeichnung	Spiralbohrer Typ N
DIN-Bezeichnung	DIN 338 - 8,5 N 118 HSS
Aufnahme	Kurzspann-Bohrfutter
Werkzeugsystem	SK40
Simulations-Nr.	
Drehsinn M	3
Spitzenwinkel	118
Durchmesser	8.5
nutzbare Länge	75

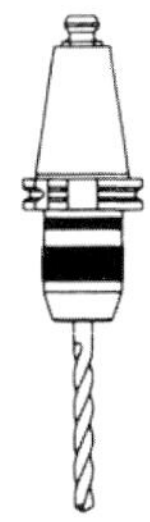

Werkzeug-Nr.	13
Bezeichnung	Spiralbohrer Typ N
DIN-Bezeichnung	DIN 338 - 10,5 N 118 HSS
Aufnahme	Kurzspann-Bohrfutter
Werkzeugsystem	SK40
Simulations-Nr.	
Drehsinn M	3
Spitzenwinkel	118
Durchmesser	10.5
nutzbare Länge	87

Werkzeug-Nr.	14
Bezeichnung	Schaftfräser
DIN-Bezeichnung	DIN 844 - A16 K-N HSS
Aufnahme	Spannhülse
Werkzeugsystem	SK40
Simulations-Nr.	
Drehsinn M	3
Spitzenwinkel	
Durchmesser	16
nutzbare Länge	32

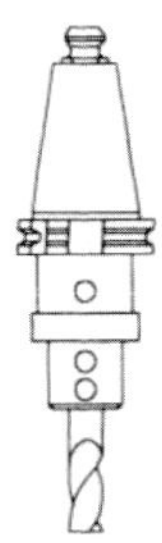

Werkzeug-Nr.	15
Bezeichnung	Walzenstirnfräser
DIN-Bezeichnung	DIN 1880 - 40 - R-N HSS
Aufnahme	Fräsdorn
Werkzeugsystem	SK40
Simulations-Nr.	
Drehsinn M	3
Spitzenwinkel	
Durchmesser	40
nutzbare Länge	32

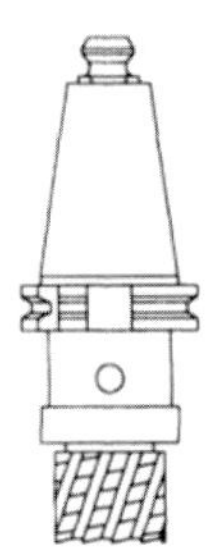

Werkzeug-Nr.	16
Bezeichnung	Walzenstirnfräser
DIN-Bezeichnung	DIN 1880 - 80 - R-N HSS
Aufnahme	Fräsdorn
Werkzeugsystem	SK40
Simulations-Nr.	
Drehsinn M	3
Spitzenwinkel	
Durchmesser	80
nutzbare Länge	40

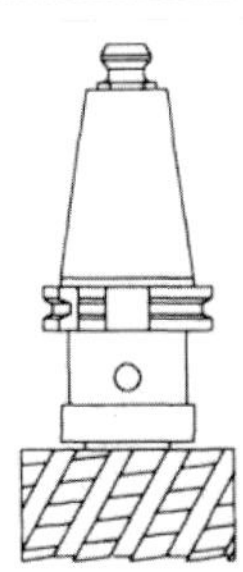

Werkzeuge zum Drehen

Werkzeug-Nr.	21
Bezeichnung	Schruppen aussen
Halter	PCLNL2525M12
Schneidplatte	CNMM120412QF
Werkzeugsystem	VDI 40
Simulations-Nr.	
Drehsinn M	4
Schneidenradius	1.2
Durchmesser	
Ecken-/Spitzenwinkel	80
Einstellwinkel	95

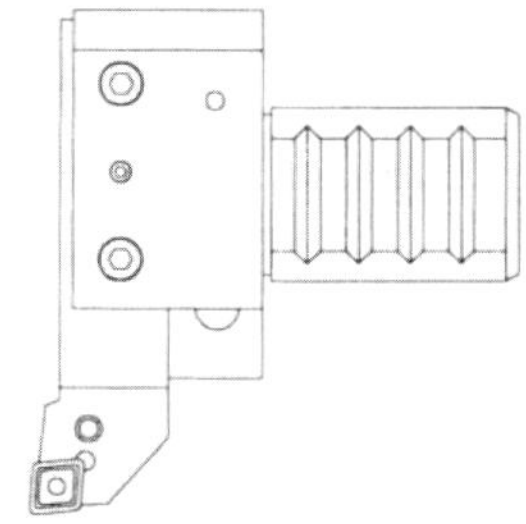

Werkzeug-Nr.	22
Bezeichnung	Schlichten aussen
Halter	SVJBL 2525 M16
Schneidplatte	VBMT160404-UM
Werkzeugsystem	VDI 40
Simulations-Nr.	
Drehsinn M	4
Schneidenradius	0.4
Durchmesser	
Ecken-/Spitzenwinkel	35
Einstellwinkel	93

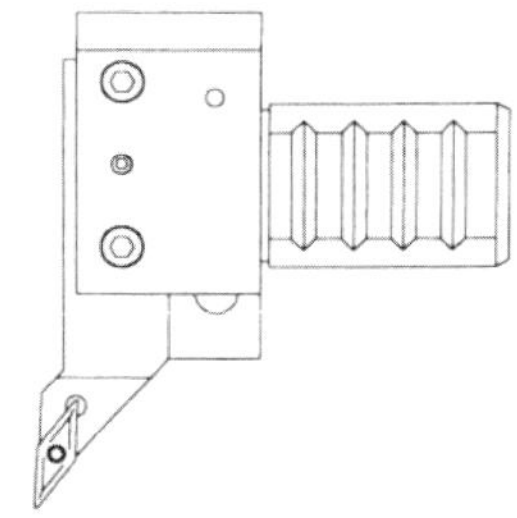

Werkzeug-Nr.	23
Bezeichnung	Gewinde aussen
Halter	R166.0FG-2525-16
Schneidplatte	R166.0L-16MM01-200
Werkzeugsystem	VDI 40
Simulations-Nr.	
Drehsinn M	3
Schneidenradius	0.1
Durchmesser	
Ecken-/Spitzenwinkel	60
Einstellwinkel	60

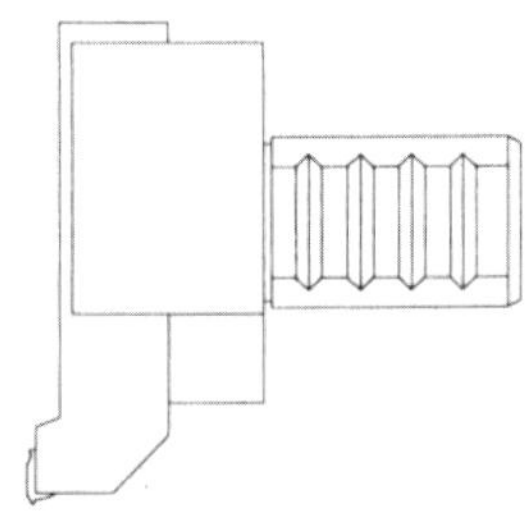

Werkzeug-Nr.	24
Bezeichnung	Wendeplattenbohrer
Halter	3.7119X R 132
Schneidplatte	WOMX030204S
Werkzeugsystem	VDI 40
Simulations-Nr.	
Drehsinn M	3
Schneidenradius	0.4
Durchmesser	20
Ecken-/Spitzenwinkel	
Einstellwinkel	

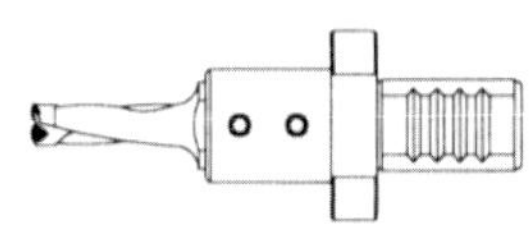

Werkzeug-Nr.	25
Bezeichnung	Schlichten innen
Halter	L136.07-32-16
Schneidplatte	VBMT160404-UM
Werkzeugsystem	VDI 40
Simulations-Nr.	
Drehsinn M	4
Schneidenradius	0.4
Durchmesser	40
Ecken-/Spitzenwinkel	35
Einstellwinkel	107.5

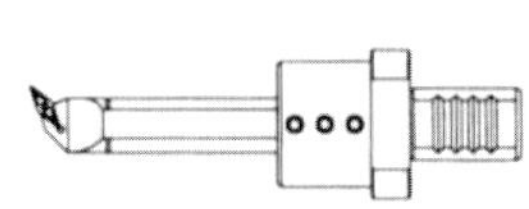

Werkzeug-Nr.	26
Bezeichnung	Gewinde innen
Halter	R166.0KF-20-16
Schneidplatte	R166.0L-16MM01-150
Werkzeugsystem	VDI 40
Simulations-Nr.	
Drehsinn M	3
Schneidenradius	0.1
Durchmesser	25
Ecken-/Spitzenwinkel	60
Einstellwinkel	60

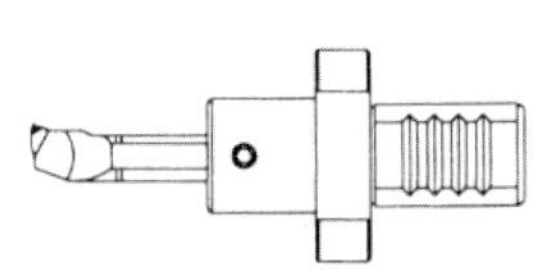

CNC-Technik	Werkzeuge zum Bohren, Fräsen, und Drehen	Datum	Klasse	Name	Blatt Nr.
		....	....	....	....

Für die Teilefertigung auf konventionellen Werkzeugmaschinen sind, ausgehend von der Teilzeichnung, Angaben zur Maschine sowie den Werkzeugen und Spannmitteln nötig. Beim Einsatz von CNC-Werkzeugmaschinen sind für den Fertigungsablauf weitere technische Unterlagen erforderlich, deren Anfertigung vom Mitarbeiter ein hohes Maß an Sorgfalt erfordert.

Vorgehen bei der CNC-Fertigung

Die folgenden Schritte zeigen einen Ablaufplan, der besonders für Anfänger geeignet ist. Er ist entsprechend dem Schwierigkeitsgrad des Werkstücks, den Möglichkeiten der Steuerung und der Erfahrung des Mitarbeiters anzupassen.

Teilzeichnung analysieren → Einrichteblatt ausfüllen → Arbeitsplan schreiben → Verfahrwege skizzieren → Koordinatentabelle erstellen → Teileprogramm editieren → Teileprogramm simulieren → Teileprogramm optimieren

Teilzeichnung analysieren

Die Teilzeichnung des Schiebers (Abb. 1) enthält Angaben zu

- Form und Abmessungen der Geometrieelemente
- Oberflächenbeschaffenheit und Toleranzen
- Menge, Werkstoff und Halbzeug

Einrichteblatt ausfüllen

Das Einrichteblatt (Abb. 2) enthält u. a. Angaben zur CNC-Maschine (M, R ...), zum Werkstück, seiner Aufspannung und der eingesetzten Werkzeuge.

Arbeitsplan schreiben

Im Arbeitsplan werden die Bearbeitungsfolge, die Werkzeuge mit ihrem Platz im Werkzeugspeicher und ihren Schnitt- und Einstellwerten aufgeführt.

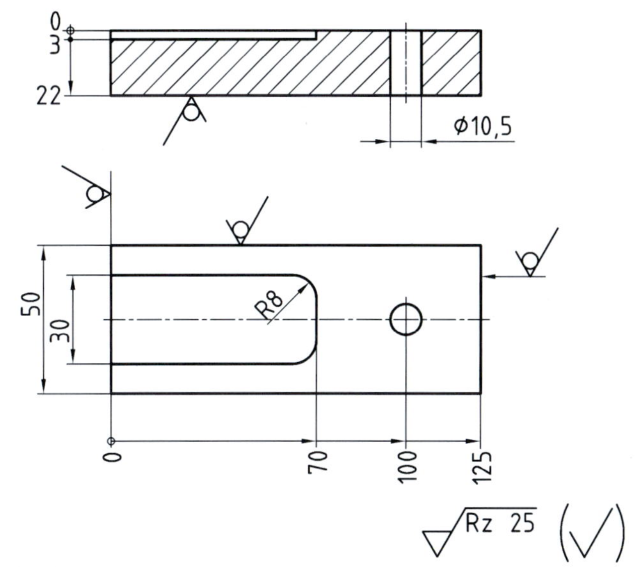

Abb. 1

1	1	Schieber		S235JR	FI EN 10278 - 50x25x125
Pos.	Menge	Benennung/Norm-Kurzbezeichnung		Werkstoff	Halbzeug/Bemerkung
Maßstab		Datum	Name	Klasse	Schule
---	Bearbeitet				
Allgemeintoleranzen ISO 2768 – mK	Geprüft				
	Stellgetriebe				Blatt-Nr.

Einrichteblatt für Fräsbearbeitungen

Maschine:	OHAM 300B	Halbzeug:	FI EN 10278 - 50x25x125
Maschinen-Nr.:	4812	Zeichnungs-Nr.:	2317/29
Steuerung:	CNC 286	Programm-Nr.:	N1001
Werkstück:	Schieber	Werkstoff:	S235JR
Spannmittel:	Maschinenschraubstock		
Werkzeuge:	siehe Arbeitsplan		

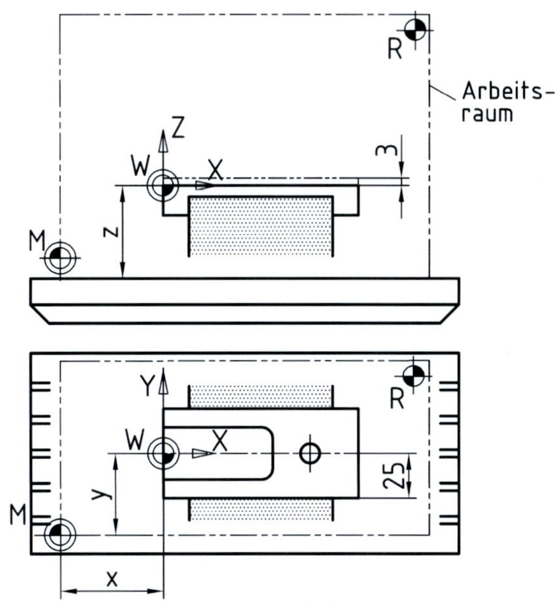

Abb. 2

Aufgabe 1: Punkte in Abb. 2 benennen

R: .... W: ....

M: ....

Am eingespannten Werkstück wird die Lage der linken, vorderen, oberen Ecke mit einem Kantentaster ermittelt, bezogen auf den Maschinennullpunkt. Man wählt den Werkstücknullpunkt entsprechend der Bemaßung (Abb. 1). Er liegt auf Höhe der fertig bearbeiteten Werkstückoberfläche (Abb. 2). Die Abstandsmaße *x*, *y* und *z* werden berechnet und in die Steuerung eingegeben. Sie können mit G54 aufgerufen werden.

Aufgabe 2: Arbeitsplan ergänzen

- Alle Fräsarbeiten erfolgen im Gleichlauf.
- Werkzeug-Magazin-Plätze entsprechend der eingesetzten Maschine (Nummern der Werkzeuge siehe Blatt 25)

Arbeitsplan

Bearbeitungsfolge		Werkzeuge			Schnitt- und Einstellwerte				
Nr.	Beschreibung	Nr.	Magazin-Pl.	Beschreibung	v_c m/min)	n (1/min)	f_z (mm)	v_f (mm/min)	a_p (mm)
1	Oberseite fräsen	T16	entsprechend der eingesetzten Maschine	Walzenstirnfräser Typ N (HSS) $z = 8$ $d = 80$ mm	....	....	....	....	....
2	Nut fräsen (1 Schnitt)	T14		....	....	....	....	....	....
3	Durchgangsloch anbohren	T11		....	....	....	....	....	....
4	Durchgangsloch bohren	T13		....	....	....	....	....	....

Verfahrwege skizzieren

Abb. 1 zeigt die Bahn des Frässermittelpunkts. Bewegungen im Eilgang (G00) sind mit Strichlinien, Bewegungen mit Vorschubgeschwindigkeit (G01) als schmale Volllinien dargestellt. Der Durchmesser des Fräsers wurde so gewählt, dass die Radien der Nut dem Fräserradius entsprechen (kein G02 oder G03).

Koordinatentabelle erstellen

Koordinatentabellen geben Werkzeugpositionen, Konturpunkte oder Mittelpunkte des Werkstücks an. Für weniger Geübte erleichtern sie das Erstellen des Teileprogramms.

Teileprogramm editieren

Zum Erstellen und Eingeben (Editieren) des Teileprogramms müssen Programmaufbau und Satzformate auf die jeweilige Steuerung abgestimmt werden (hier: PAL-Maschine).

Teileprogramm simulieren und optimieren

Die Bewegungsabläufe, die durch das Teileprogramm festgelegt sind, können grafisch-dynamisch simuliert werden. Dadurch lässt sich z. B. die Schnittaufteilung optimieren oder eine Werkzeugkollision rechtzeitig erkennen.

Nach der Fertigung des ersten Werkstücks können, abhängig von Maßgenauigkeit und Oberflächenbeschaffenheit, die Schnittdaten optimiert werden.

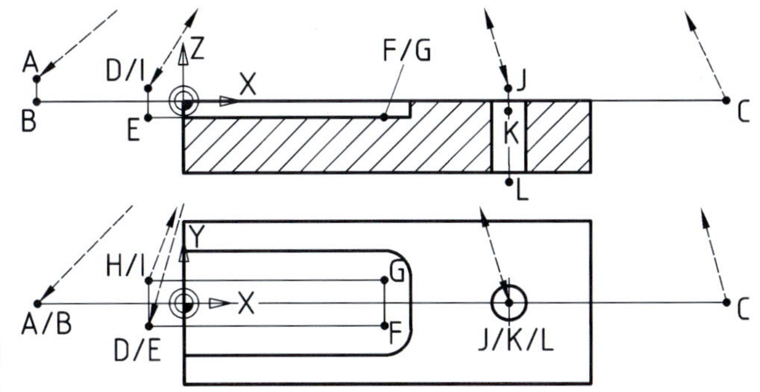

Abb. 1

	Fläche fräsen		
	A	B	C
X			
Y			
Z			

	Nut fräsen		
	D	E	F
X			
Y			
Z			

	Nut fräsen		
	G	H	I
X			
Y			
Z			

	anbohren und bohren		
	J	K	L
X			
Y			
Z			

Aufgabe 1: Verfahrwege farbig zuordnen

Ziehen Sie in Abb. 1 für die vier im Arbeitsplan vorgesehenen Werkzeuge die Verfahrwege mit verschiedenen Farben nach.

Aufgabe 2: Koordinaten der Zielpunkte in Tabelle eintragen

Aufgabe 3: Teileprogramm nach DIN 66025 ergänzen

Aufgabe 4: Teileprogramm editieren, simulieren, optimieren

Arbeitsablauf	ZP	CNC-Programm
Programmanfang, Programm-Nr.		
absolute (gespeicherte) Nullpunktverschiebung (M→W) EIN		N10
Walzenstirnfräser ist eingewechselt + Vorschubgeschwindigkeit + Drehzahl + Spindel im Uhrzeigersinn (CW) EIN		N20
im Eilgang links über dem Werkstück positionieren	A	N30
im Eilgang auf Frästiefe + Kühlschmiermittel EIN	B	N40
Oberfläche überfräsen	C	N50
im Eilgang zum Werkzeugwechselpunkt + Kühlschmiermittel AUS	WW	N60
Schaftfräser von Hand einwechseln + Vorschubgeschwindigkeit + Drehzahl		N70
im Eilgang links über dem Werkstück positionieren	D	N80
im Eilgang auf Spantiefe	E	N90
Nut fräsen (vorne, links→rechts) + Kühlschmiermittel EIN	F	N100
Nut fräsen (rechts, vorne→hinten)	G	N110
Nut fräsen (hinten, rechts→links)	H	N120
im Eilgang über die Werkstückoberfläche fahren	I	N130
im Eilgang zum Werkzeugwechselpunkt + Kühlschmiermittel AUS	WW	N140
NC-Anbohrer von Hand einwechseln + Vorschubgeschwindigkeit + Drehzahl		N150
im Eilgang über dem Werkstück positionieren	J	N160
anbohren + Kühlschmiermittel EIN	K	N170
im Eilgang über die Werkstückoberfläche fahren	J	N180
im Eilgang zum Werkzeugwechselpunkt + Kühlschmiermittel AUS	WW	N190
Spiralbohrer von Hand einwechseln + Vorschubgeschwindigkeit + Drehzahl		N200
im Eilgang über dem Werkstück positionieren	J	N210
bohren + Kühlschmiermittel EIN	L	N220
im Eilgang Bohrer zurück über das Werkstück	J	N230
im Eilgang zum Werkzeugwechselpunkt + Kühlschmiermittel AUS	WW	N240
Nullpunktverschiebung AUS + Rücksetzung		N250 G53 M30

Die Planungsunterlagen für die CNC-Fräsarbeit Abdeckplatte werden nach dem gleichen Ablaufplan wie beim Werkstück Schieber erstellt.

Die Geometrieelemente der Abdeckplatte sind komplexer als die des Schiebers. Um umfangreiche Berechnungen zu vermeiden ist es vorteilhaft, die Koordinaten der Konturpunkte direkt in das Teileprogramm zu übernehmen. Nachdem im Programm festgelegt ist, ob der Fräser bei der Bearbeitung links oder rechts des Werkstücks verfährt, wird die erforderliche Fräser-Bahnkorrektur durch die Steuerung ermittelt.

Die Abdeckplatte enthält zusätzlich ein Bohrbild auf einem Lochkreis. Ein solches Geometrieelemente wird meist als Zyklus programmiert.

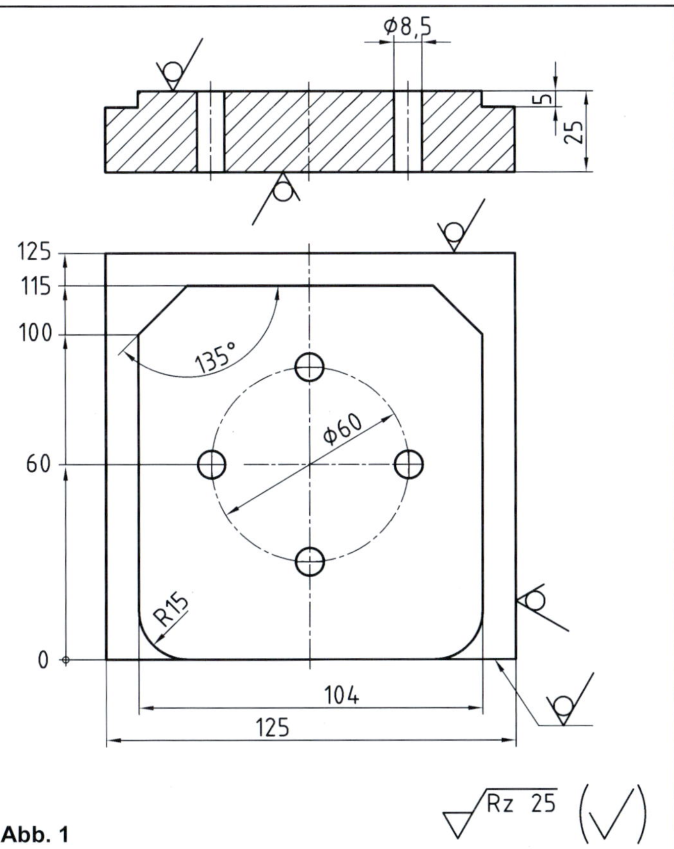

Abb. 1

3	20	Abdeckplatte	35S20+U	FI EN 10278 - 125x25x125
Pos.	Menge	Benennung/Norm-Kurzbezeichnung	Werkstoff	Halbzeug/Bemerkung

Maßstab		Datum	Name	Klasse	Schule
---	Bearbeitet				
	Geprüft				
Allgemeintoleranzen ISO 2768 – m K	Stellgetriebe				Blatt-Nr.

Aufgabe 1: Schriftfeld analysieren

a) Erläutern Sie die Werkstoffangabe 35S20+U.

....

....

b) Wie groß ist die Zugfestigkeit des Werkstoffs (Tabb. S. .....)?

....

c) In welcher Ausführung liegt das Halbzeug vor? (vgl. EN 10278)

....

Aufgabe 2: Punkte und Achsen eintragen, Spannen planen

Die vordere obere Ecke des festen Schraubstockbackens wird vermessen und deren Koordinaten, bezogen auf den Maschinennullpunkt, in den Speicher der Steuerung eingegeben. Über die G54-Funktion kann diese absolute (gespeicherte) Nullpunktverschiebung aufgerufen werden (M→W1).

Je nach der Kontur und der Bemaßung des Werkstücks ist es vorteilhaft, den Nullpunkt noch einmal mit einer additiven (programmierten) Nullpunktverschiebung an eine günstige Stelle zu verlegen (W1→W2).

a) Tragen Sie die Punkte M, W1 und W2 und die Achsen (ausgehend von W2) in Abb. 2 ein.

b) Welche Koordinaten hat der Nullpunkt des Bohrbilds?

....

c) Wie können die 20 Werkstücke so gespannt werden, dass der Werkstücknullpunkt W2 für alle Teile festliegt.

....

Aufgabe 3: Arbeitsplan ergänzen

Einrichteblatt für Fräsbearbeitungen

Maschine:	OHAM 300B	Halbzeug:	FI EN 10278 – 125x25x125
Maschinen-Nr.:	4812	Zeichnungs-Nr.:	2318/30
Steuerung:	CNC 286	Programm-Nr.:	1002
Werkstück:	Abdeckplatte	Werkstoff:	35S20+U
Spannmittel:	Maschinenschraubstock		
Werkzeuge:	siehe Arbeitsplan		

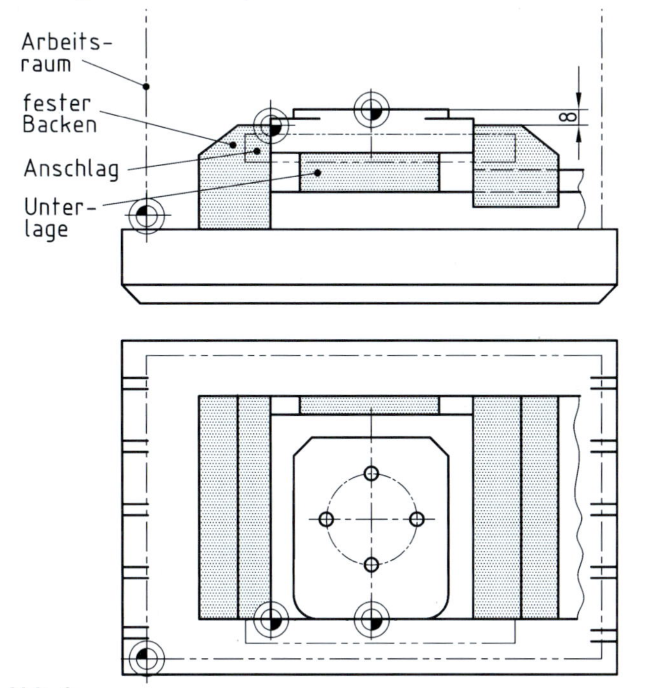

Abb. 2

Arbeitsplan

Bearbeitungsfolge		Werkzeuge			Schnitt- und Einstellwerte				
Nr.	Beschreibung	Nr.	Magazin-Pl.	Beschreibung	v_c (m/min)	n (1/min)	f_z (mm)	v_f (mm/min)	a_p (mm)
1	Außenkontur fräsen	T15	entsprechend der eingesetzten Maschine	Walzenstirnfräser Typ N (HSS) d = 40 z = 6	....	....	....	....	....
2	Bohrungen zentrieren	T11		....	....	....	....	....	....
3	Bohrungen bohren	T12		....	....	....	....	....	....

Datum	Klasse	Name	Blatt Nr.
....	....	....	....

Beim Anfahren an die Kontur und beim Wegfahren darf der Fräser nicht mit dem Werkstück (Rohteil) kollidieren. Um Frässmarken zu verhindern, darf der Fräser nicht im Eilgang auf die Kontur aufsetzen oder im Eilgang von der Kontur abheben.

Aufgabe 1: An- und Wegfahren nach Abb. 1 beschreiben

Aufgabe 2: Koordinaten von Punkten ermitteln

	Außenkontur: Walzenstirnfräser						
	A	B	C	D	E	F	G
X	-32	-32					
Y	-25	-25					
Z	2	-5					

	Außenkontur: Walzenstirnfräser					
	H	I	J	K	L	M
X						
Y						
Z						

	Bohrbild: NC-Anbohrer, Spiralbohrer				
	N	O	P	Q	
X					
Y					
Z					

WW

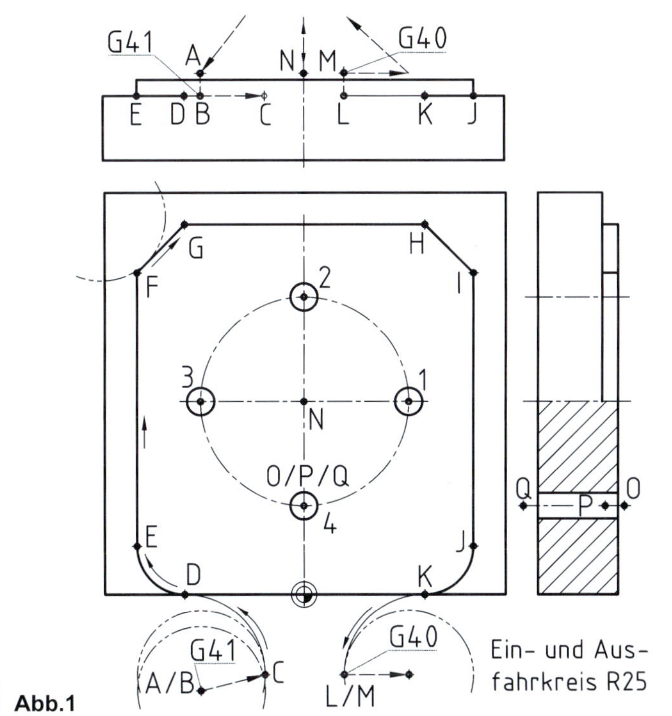

Abb.1

Aufgabe 3: Teileprogramm ergänzen

Hinweis: vgl. Programm auf Blatt 25 und Tabb. Seite ....

Aufgabe 4: Programm editieren, simulieren und optimieren

Arbeitsablauf	ZP	CNC-Programm
Programmanfang, Programm-Nr.		
absolute (gespeicherte) Nullpunktverschiebung (M→W1) EIN		N10
additive (programmierte) Nullpunktverschiebung (W1→W2)		N20
Walzenstirnfräser ist eingewechselt + Vorschubgeschw. + Drehzahl + Spindel im Uhrzeigersinn (CW)		N30
im Eilgang links, vor und über das Werkstück positionieren	A	N40
im Eilgang auf Frästiefe + Kühlschmiermittel EIN	B	N50
Fräser-Bahnkorrektur (Fräser links) EIN		N60
im Vorschub verfahren (G41 wird wirksam)	C	N70
Einfahrkreis abfahren	D	N80
linke Rundung fräsen	E	N90
linke Gerade fräsen	F	N100
linke Schräge fräsen	G	N110
hintere Gerade fräsen	H	N120
rechte Schräge fräsen	I	N130
rechte Gerade fräsen	J	N140
rechte Rundung fräsen	K	N150
Ausfahrkreis abfahren	L	N160
im Eilgang über das Werkstück fahren + Kühlschmiermittel AUS	M	N170
Fräser-Bahnkorrektur AUS		N180
im Eilgang zum Werkzeugwechselpunkt	WW	N190
NC-Anbohrer v. Hand einwechseln + Vorschubgeschw. + Drehzahl		N200
im Eilgang zum Teilkreismittelpkt + Spindel EIN + Kühlschmierm. EIN	N	N210
im Zyklus anbohren	0/P	N220
im Eilgang zum Werkzeugwechselpunkt + Kühlschmiermittel AUS	WW	N230
Spiralbohrer v. Hand einwechseln + Vorschubgeschw. + Drehzahl		N240
im Eilgang zum Teilkreismittelpkt + Kühlschmiermittel EIN	N	N250
im Zyklus bohren	O/Q	N260
im Eilgang zum Werkzeugwechselpunkt + Kühlschmiermittel AUS	WW	N270
Nullpunktverschiebungen AUS + Rücksetzung		N280

CNC-Technik Fräsen Abdeckplatte — Rundung, Schräge — Koordinatentabelle, Teileprogramm

Datum	Klasse	Name	Blatt Nr.
....	....	....	....

Bei Drehmaschinen verläuft nach DIN 66217 die +X-Achse in Richtung zum Drehmeißel, die +Z-Achse in der Werkstückachse in Richtung der Reitstockspitze (Abb. 2).

Der Referenzpunkt R ist der Nullpunkt des Messsystems. Der Maschinennullpunkt M wird auf die rechte Planfläche der Arbeitsspindel gelegt. Für verschiedenartige Spannmittel können über gespeicherte und additive (programmierte) Nullpunktverschiebungen die Werkstücknullpunkte W1 und W2 in die linke und rechte Stirnfläche des Werkstücks verschoben werden.

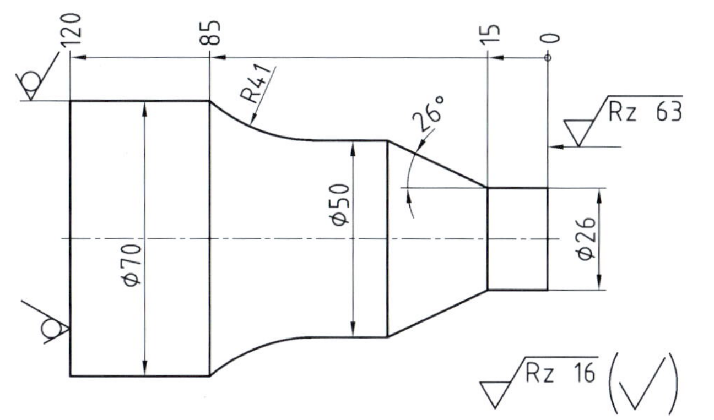

Abb. 1

Pos.	Menge	Benennung/Norm-Kurzbezeichnung	Werkstoff	Halbzeug/Bemerkung
12	6	Zentrierbolzen	11SMnPb30	Rd EN 10278-70h11x121

Maßstab		Datum	Name	Klasse	Schule
---	Bearbeitet				
Allgemeintoleranzen ISO 2768 – m K	Geprüft				
	Stellgetriebe				Blatt-Nr.

Aufgabe 1: Maschinennullpunkt und Werkstücknullpunkte in Abb. 2 eintragen

Aufgabe 2: Teilzeichnung analysieren

a) Geben Sie die Ausführung des Halbzeugs (blank/warmgewalzt) und seine Toleranzklasse an.

....

b) Die Schnitt- und Einstellwerte und das Spannmittel werden entsprechend der Zugfestigkeit des Werkstoffs gewählt. Wie groß ist die Zugfestigkeit des 11SMnPb30?

....

c) Welche Werkstoffeigenschaft wird durch die Legierungselemente S und Pb erhöht?

....

d) Welches Spannmittel ist geeignet?

....

e) Welche Geometrieelemente verbleiben im Anlieferungszustand?

....

f) Welche Kenngrößen für die Oberflächenbeschaffenheit werden bei üblicher Fertigung erreicht durch

Längsdrehen? ....

Plandrehen? ....

Aufgabe 3: Geometrieelemente untersuchen

a) Aus welchen Geometrieelementen besteht die bearbeitete Kontur des Werkstücks Abb. 2? Nennen Sie dazu auch die Wegbedingungen nach DIN 66025.

AW2: ....

AB: ....

BC: ....

CD: ....

DE: ....

b) Wie ist der Übergang zwischen der Geraden CD und dem Kreisbogen DE? Woran ist das zu erkennen?

....

c) Geben Sie die Bezugselemente an

für die Längenmaße: ....

für die Durchmessermaße: ....

Einrichteblatt für Drehbearbeitungen

Maschine:	Bart 250 C	Halbzeug:	Rd EN 10278 – 70h11x121
Maschinen-Nr.:	5812	Zeichnungs-Nr.:	2319/31
Steuerung:	CNC 286	Programm-Nr.:	1003
Werkstück:	Zentrierbolzen	Werkstoff:	11SMnPb30
Spannmittel:	Dreibackenfutter		
Werkzeuge:	siehe Arbeitsplan		

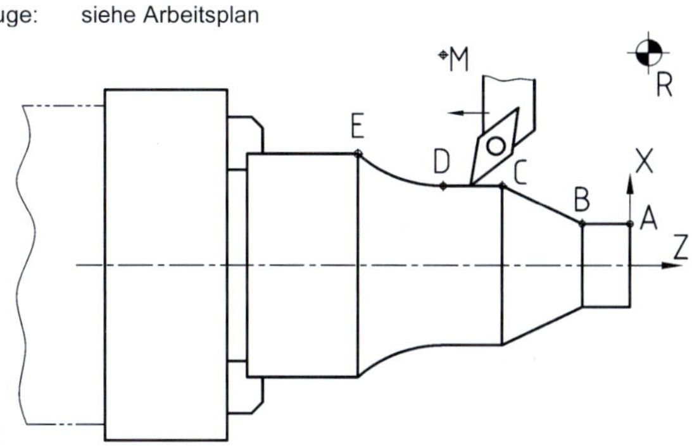

Abb. 2

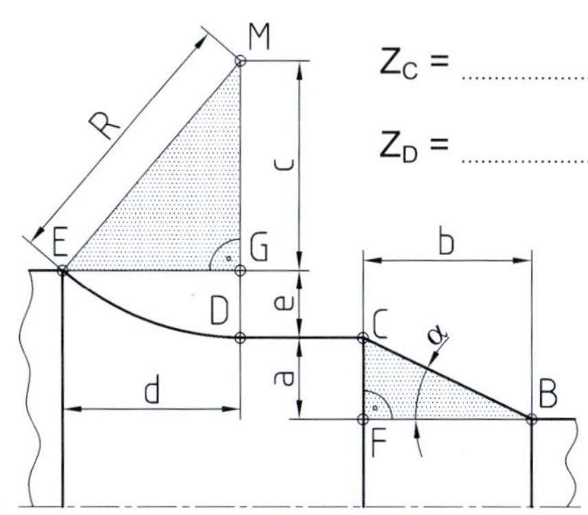

Z_C = ...

Z_D = ...

Abb. 3

Aufgabe 4: Fehlende Koordinaten berechnen

Berechnen Sie für die Punkte C und D die fehlenden Z-Koordinaten Z_C und Z_D mit einer Winkelfunktion bzw. dem Satz des Pythagoras (siehe Abb.1 und 3).

Aufgabe 5: Arbeitsplan ergänzen

Arbeitsplan

Bearbeitungsfolge		Werkzeuge			Schnitt- und Einstellwerte			
Nr.	Beschreibung	Nr.	Magazin-Pl.	Beschreibung	v_c m/min)	n (1/min)	*f* (mm)	a_p (mm)
1	rechte Stirnfläche drehen	T21	entsprechend der eingesetzten Maschine	....	....	....	....	....
2	mit Längsschruppzyklen vordrehen	T21	entsprechend der eingesetzten Maschine	....	....	....	....	....
3	Kontur fertigdrehen	T22	entsprechend der eingesetzten Maschine	....	....	....	....	....

Aufgabe 1: Fertigungsablauf vorplanen

a) Warum genügt es, die rechte Stirnfläche nur vorzudrehen?

....

b) Das Werkstück kann etwas schief aufgespannt sein. Dadurch kann beim ersten Anfahren im Eilgang der Meißel mit dem Werkstück kollidieren. Wählen Sie einen geeigneten Anfahrpunkt für das Vordrehen, der das vermeidet.

....

c) Wie erreicht man, dass beim Querplandrehen kein Zapfen an der rechten Planfläche verbleibt?

....

d) Warum ist beim Querplandrehen keine Bahnkorrektur nötig?

....

e) Warum ist bei Schruppzyklen keine Bahnkorrektur nötig?

....

f) Wie groß ist bei den Schruppzyklen die Zustellung je Schnitt?

Zyklus 1: .... Zyklus 2: ....

g) Wie kann erreicht werden, dass beim Wegfahren von der Kontur der Punkt E richtig ausgebildet wird?

....

....

Aufgabe 2: Koordinatentabelle und Programm ergänzen

Aufgabe 3: Programm editieren, simulieren und optimieren

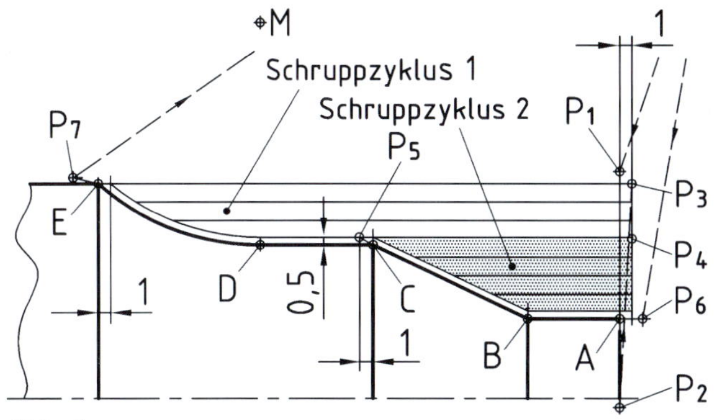

Abb. 1

Schruppzyklen:

G82 ....

G81 ....

Koordinatentabelle

	P_1	P_2	P_3	P_4	P_5	P_6
X						
Z						

	P_7	B	C	D	E	M
X						
Z						

Arbeitsablauf	ZP	CNC-Programm
Programmanfang, Programm-Nr.		
absolute (gespeich.) Nullpunktverschiebung (M→W1) EIN		N10
additive (progra.) Nullpunktverschiebung (W1→W2) EIN		N20
im Eilgang zum Werkzeugwechselpunkt	WW	N30
Außenschruppmeißel von Hand einwechseln + programmierter Halt + Spindel AUS		N40
konstante Schnittgeschwindigkeit + Vorschub + Schnittgeschwindigkeit + Spindel im Gegenuhrzeigersinn (CCW)		N50
Drehzahlbegrenzung		N60
im Eilgang auf den Anstellpunkt für das Querplandrehen	P_1	N70
rechte Stirnfläche plandrehen + Kühlschmiermittel EIN	P_2	N80
im Eilgang auf Anstellpunkt für Längsschruppzyklus 1	P_3	N90
Längsschruppzyklus 1 (mit auslaufender Rundung)	D/E	N100
im Eilgang auf Anstellpunkt für Längsschruppzyklus 2	P_4	N110
Längsschruppzyklus 2 (mit auslaufender Schräge)	B/P_5	N120
im Eilgang zum Werkzeugwechselp. + Kühlschm. AUS	WW	N130
Konturdrehmeißel von Hand einwechseln + programmierter Halt + Spindel AUS		N140
konstante Spindeldrehzahl EIN + Vorschub + Drehzahl		N150
Bahnkorrektur EIN (Meißel rechts vom Werkstück)		N160
im Eilgang auf Anstellpunkt für das Fertigdrehen	P_6	N170
Kontur fertigdrehen + Spindel EIN + Kühlschmierm. EIN + Kühlschmiermittel EIN	B	N180
	C	N190
	D	N200
	E	N210
im Vorschub in schräger Gerade weg von der Kontur	P_7	N220
Bahnkorrektur AUS + Kühlschmiermittel AUS		N230
im Eilgang zum Werkzeugwechselpunkt + Spindel AUS	WW	N240
Nullpktverschiebungen AUS + Rücksetzung		N250

CNC-Technik Drehen, Zentrierbolzen **Zylinder, Kegel, Rundung – Fertigungsablauf, Teileprogramm**

Datum	Klasse	Name	Blatt Nr.
....	....	....	....

Aufgabe 1: Fertigungsfragen klären

a) Mit welchem Werkzeug werden die Fasen und der Gewindefreistich gefertigt?

....

Hinweis: Die Rundungen am Gewindefreistich entstehen durch den Meißelradius.

b) Warum muss beim Konturdrehen die Zustellung in Z-Richtung kleiner gewählt werden als in X-Richtung?

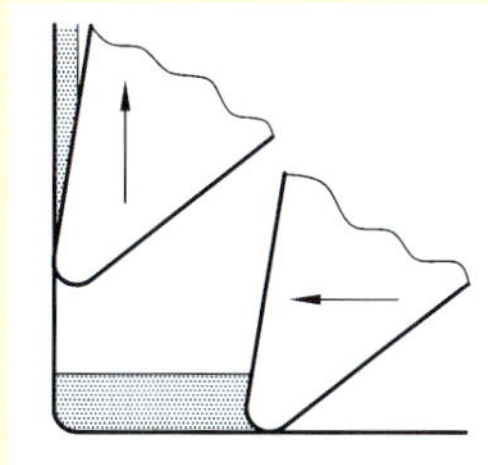

....

....

Tragen Sie dazu passende Werte in Abb. 2 ein.

c) Tragen Sie Z-Werte für die Spanentleerung in Abb. 2 ein.

d) Warum kann das Konturdrehen bei Ø16 beginnen?

....

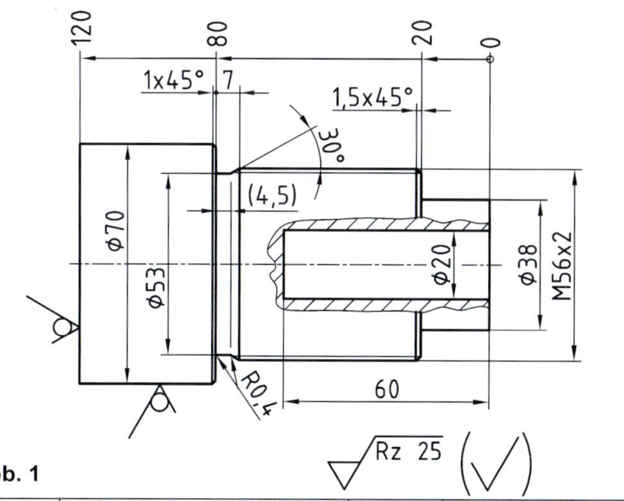

Abb. 1

15	10	Dichtstück	11SMnPb30	Rd EN 10278-70h11x121
Pos.	Menge	Benennung/Norm-Kurzbezeichnung	Werkstoff	Halbzeug/Bemerkung

Maßstab		Datum	Name	Klasse	Schule
---	Bearbeitet				
Allgemeintoleranzen ISO 2768 – m K	Geprüft				
	Stellgetriebe				Blatt-Nr.

Aufgabe 2: Koordinaten ermitteln (s. auch Blatt 33, Abb. 1)

	P_1	P_2	P_3	P_4	P_5	P_6
X						
Z						

	P_7	P_8	P_9	P_{10}	P_{11}=D	P_{12}
X						
Z						

	P_{13}	P_{14}	A	B	C	E
X						
Z						

	F	G	H	I	J	K
X						
Z						

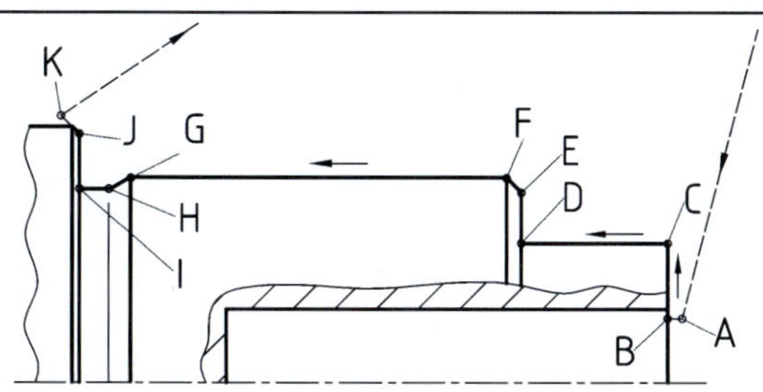

Abb. 3

Einrichteblatt für Drehbearbeitungen

Maschine:	Bart 250 C	Halbzeug:	Rd EN 10278 - 70h11x121
Maschinen-Nr.:	5812	Zeichnungs-Nr.:	2320/32
Steuerung:	CNC 286	Programm-Nr.:	1004
Werkstück:	Dichtstück	Werkstoff:	11SMnPb30
Spannmittel:	Dreibackenfutter		
Werkzeuge:	Werkzeuge siehe Arbeitsplan		

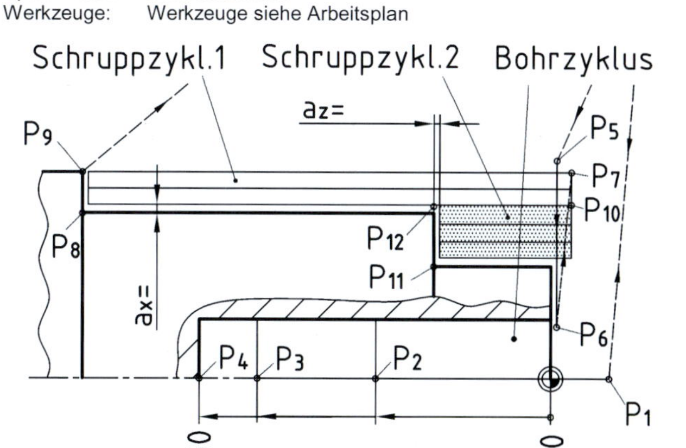

Abb. 2

Bohrzyklus mit Spanentleerung

....

Schruppzyklen

1: ....

2: ....

Aufgabe 3: Arbeitsplan ergänzen

Arbeitsplan								
Bearbeitungsfolge		**Werkzeuge**			**Schnitt- und Einstellwerte**			
Nr.	Beschreibung	Nr.	Magazin-Pl.	Beschreibung	v_c m/min)	n (1/min)	f (mm)	a_p (mm)
1	Grundbohrung fertigen	T24	entsprechend der eingesetzten Maschine	....	....	....	....	....
2	rechte Stirnfläche vordrehen	T21		....	....	....	....	....
3	mit Längsschruppzyklen vordrehen	T21		....	....	....	....	....
4	Kontur fertigdrehen	T22		....	....	....	....	....
5	Außengewinde fertigen	T23		....	....	....	....	....

Aufgabe 1: Kenngrößen für den Gewindezyklus ermitteln

a) aus der Angabe M56x2 *X* = ... *F* = ...

aus dem Tabb. Seite .... H = ...

b) Anzahl Schnitte $i = H : a_p$ i = ...

c) Anlaufweg für die Maschinenkenngröße *K* = 333 1/min

$s = (P \cdot n) : K$ s = ...

= ....

d) Z-Koordinate des Punkts P_{14} *Z* = ...

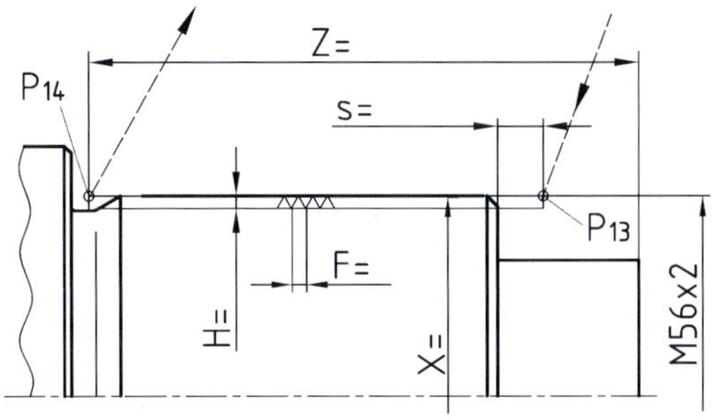

Abb. 1
Gewindezyklus

....

Aufgabe 2: Programm ergänzen

Arbeitsablauf	ZP	CNC-Programm
Programmanfang, Programm-Nr.		
absolute (gespeicherte) Nullpktverschiebung (M→W1) EIN		N10
additive (programmierte) Nullpunktverschiebung (W1→W2)		N20
Wendeplattenbohrer von Hand einwechseln + programmierter Halt + Spindel AUS		N30
konstante Drehzahl + Spindel im Uhrzeigersinn (CW)		N40
im Eilgang zum Anstellpunkt für Bohrzykl. + Kühlschm. EIN	P_1	N50
Bohrzyklus mit Spanentleerung + Vorschub	P_4	N60
im Eilgang zum Werkzeugwechselpunkt + Kühlschm. AUS	WW	N70
Außenschruppmeißel von Hand einwechseln + programmierter Halt + Spindel AUS		N80
konstante Schnittgeschwindigkeit + Schnittgeschwindigkeit + Spindel im Gegenuhrzeigersinn (CCW)		N90
im Eilgang auf Anstellpunkt für das Plandrehen	P_5	N100
rechte Stirnfläche drehen + Vorschub + Kühlschmierm. EIN	P_6	N110
im Eilgang auf Anstellpunkt für Längsschruppzyklus 1	P_7	N120
Längsschruppzyklus 1 (2 Schnitte)	P_8/P_9	N130
im Eilgang auf Anstellpunkt für Längsschruppzyklus 2	P_{10}	N140
Längsschruppzyklus 2 (3 Schnitte)		N150
im Eilgang zum Werkzeugwechselp. + Kühlschmierm. AUS	WW	N160
Konturdrehmeißel von Hand einwechseln + programmierter Halt + Spindel AUS		N170
konstante Drehzahl + Spindel im GegenUhrzeigers. (CCW)		N180
im Eilgang auf Anstellpunkt für das Fertigdrehen der Kontur	A	N190
Bahnkorrektur EIN (Meißel rechts vom Werkstück)		N200
im Vorschub zur Stirnfläche + Vorschub + Kühlschm. EIN	B	N210
Kontur drehen	C	N220
	D	N230
	E	N240
	F	N250
	G	N260
	H	N270
	I	N280
	J	N290
	K	N300
Bahnkorrektur AUS		N310
im Eilgang zum Werkzeugwechselp. + Kühlschmierm. AUS	WW	N320
Außengewindemeißel von Hand einwechseln + Spindel AUS		N330
konstante Drehzahl + Spindel im Uhrzeigersinn (CW) + Kühlschmiermittel EIN		N340
im Eilgang auf Anstellpunkt für das Gewindedrehen	P_{13}	N350
Gewindezyklus außen	P_{14}	N360
im Eilgang zum Werkzeugwechselp. + Kühlschmierm. AUS	WW	N370
additive Nullpktverschiebung AUS + Rücksetzung		N380

Das Flanschgetriebe ist an das Gehäuse eines Förderbandes geschraubt. Es wird von einem Elektromotor über Keilriemen angetrieben. Das Stirnrad (5) greift in ein innen verzahntes Zahnrad der Antriebsrolle des Förderbands ein. Riemen- und Zahnradtrieb ergeben eine Untersetzung.

Aufgabe 1: Teile 1 bis 5 verschiedenfarbig anlegen

Aufgabe 2: Stückliste ergänzen

Ringspannsatz (16) siehe Blatt 40

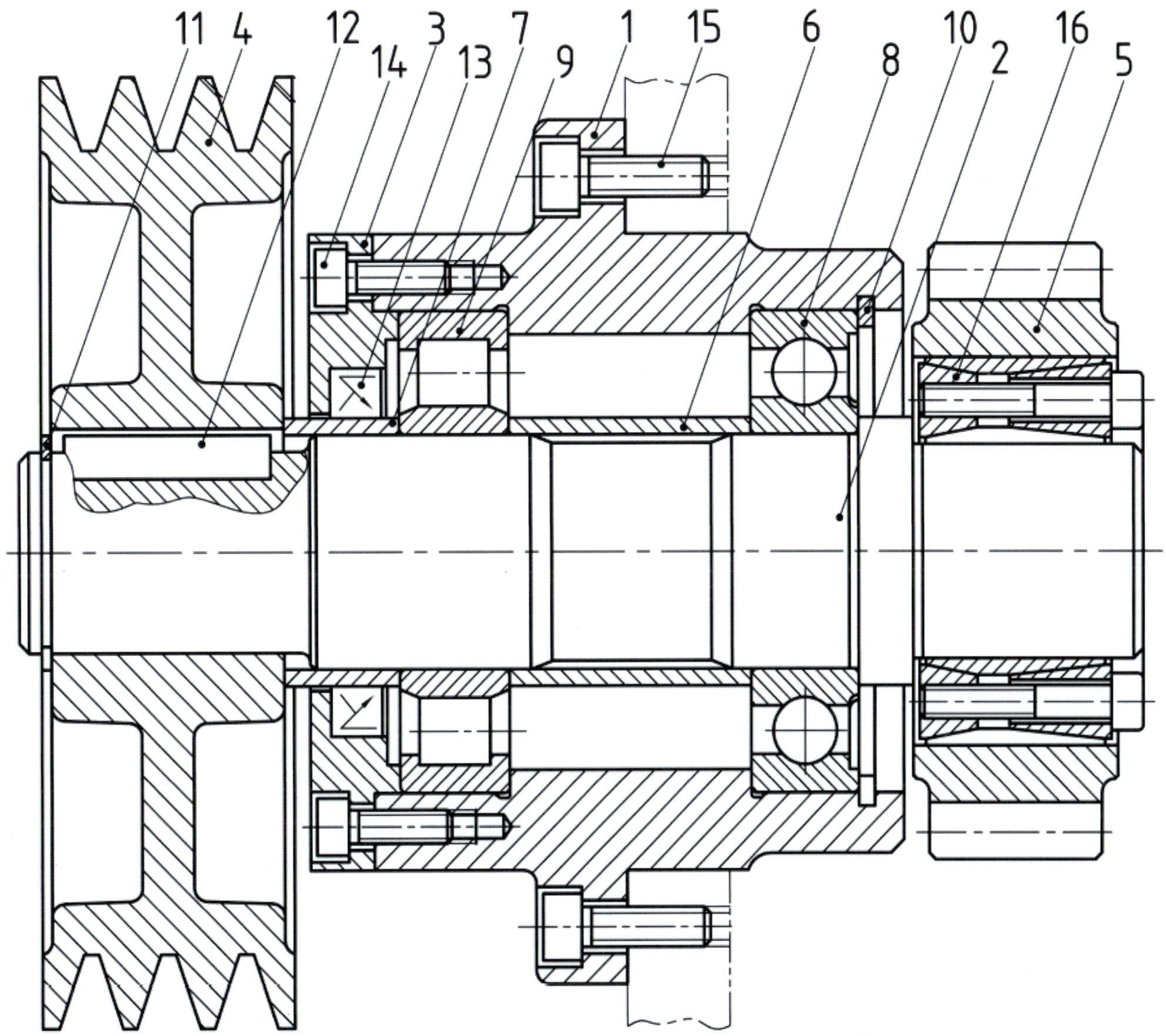

Abb. 1

Pos.	Menge	Benennung / Norm-Kurzbezeichnung	Werkstoff	Halbzeug / Bemerkung
16	1	Ringspannsatz		Kaufteil PSV032
15	6	Zylinderschraube ISO 4762 – M6x20	12.9	
14	6			
13	1			
12	1		C45 + QT	
11	1			
10	1	Sicherungsring DIN 472 – 72x2,5	St	
9	1	Zylinderrollenlager DIN 5412 – NU207		
8	1	Rillenkugellager DIN 625 – 6207 RS1		
7	1	Hülse kurz	17Cr3	Kaufteil
6	1	Hülse lang	E335 + N	Rohr EN 10305-1 – 40xID35x40
5	1	Stirnrad $m = 4$, $z = 21$	16MnCr5	Rd EN 10278 – 100h11x34
4	1	Keilriemenscheibe		Profil SPZ
3	1	Deckel	EN-GJL-150	
2	1	Welle	38CrS2	Rd EN 10278 – 40h11x178
1	1	Gehäuse	EN-GJL-200	

Toler.Maß	Grenzabmaße	Maßstab 1:1		Datum	Name	Klasse	Schule
			Bearbeitet				
		Allgemeintoleranzen ISO 2768 -	Geprüft				
			Flanschgetriebe				Blatt Nr.

Die Instandhaltung des Flanschgetriebes erfordert, dass ein damit beauftragter Mitarbeiter die Anlage nach einer Inspektions- und Wartungsliste überprüft und Wartungsaufgaben durchführt.

Bei einer Instandsetzung muss der Mechaniker
- Ursachen von Störungen eingrenzen
- systematisch demontieren und montieren
- Richtlinien und Vorschriften des Herstellers für eine störungsfreie Funktion anwenden

Aufgabe 1: Strukturplan für die Montage des Flanschgetriebes ergänzen, Hilfsmittel angeben

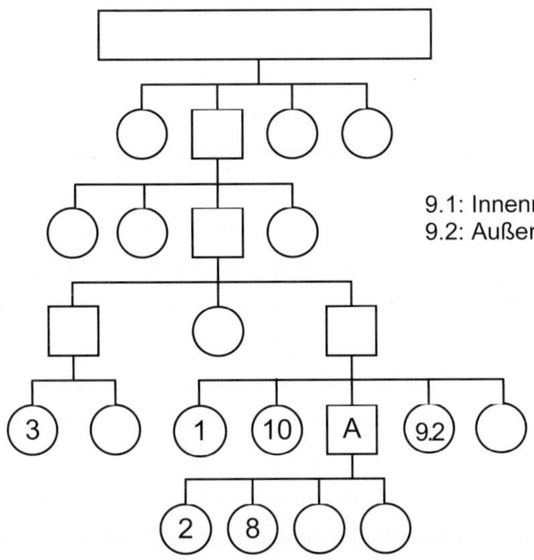

9.1: Innenring
9.2: Außenring

Hilfsmittel für die Montage und die Demontage

....

....

....

....

....

....

Aufgabe 2: Verschleißteile des Flanschgetriebes nennen

....

....

Aufgabe 3: Wartungs- und Inspektionsliste ergänzen

Hersteller: **GT Ulm**	Wartungs- und Inspektionsliste: **Flanschgetriebe**							Erzeugnis: **FG 815** Liste Nr.: **4**
Nr.	Auszuführende Arbeiten	Prüfgeräte, Betriebs- und Hilfsstoffe	Häufigkeit					Bemerkungen
			w	m	6m	a	2a	
1	Elektromotor							
1.1	Lagertemperatur prüfen	Thermometer			X			max. 60 °C
1.2	Zustand der Kohlebürsten prüfen					X		Arbeitsstillstand
2	Keilriemenantrieb							
2.1								
2.2								
3	Lagerung							
3.1								
3.2								
4	Zahnradantrieb							
4.1								
4.2								

Aufgabe 4: Austausch des WDR (13) erläutern

a) Erläutern Sie die Angabe AS40x55x8 für den WDR.

....

....

b) Bei der Welle (2) tritt Lecköl aus. Der Radial-Wellendichtring (13) ist deshalb auszutauschen.

Geben Sie die Positionsnummern der Teile an, die zu demontieren sind.

....

c) Warum soll der WDR in den Deckel mit Hilfe einer mechanischen oder hydraulischen Vorrichtung eingepresst werden?

....

....

d) Wellendichtringe sind mit der Dichtlippe entsprechen der Zeichnungsangabe einzubauen.

Warum ist bei dem Flanschgetriebe die Dichtlippe nach innen gerichtet?

....

....

e) Beim Anfahren des Getriebes darf die Kontaktzone zwischen Dichtung und Welle nicht trocken laufen.

Wodurch wird dies erreicht?

....

....

f) Die kurze Hülse (7) zeigt auf der Lauffläche des Wellendichtrings Riefenbildung. Vorrätig ist nur eine lange Hülse (6). Es wird vorgeschlagen, eine lange Hülse zu kürzen.

Nach Herstellerangaben soll die Härte der Lauffläche mindestens 45 HRC und ab einer Umfangsgeschwindigkeit von 4 m/s sogar 55 HRC betragen.

Welche Härte ist für die Hülse (7) bei einer Drehfrequenz von 500 1/min erforderlich?

....

....

Wäre für die Hülse (7) der Werkstoff E335+N ausreichend? Informieren Sie sich dazu in DIN 50150.

....

....

Die üblichen Wälzlager sind genormte Präzisionsbauteile. Sie erfüllen ihre Aufgabe nur dann störungsfrei, wenn sie richtig angeordnet und sorgfältig montiert werden. Wälz- und Gleitlager gibt es in unterschiedlichen Ausführungen, wodurch sich Überschneidungen in der Anwendung ergeben.

Aufgabe 1: Einsatz von Wälzlagern ankreuzen

a) Bei welchen Anforderungen sind Wälzlager vorteilhafter als Gleitlager?

- ☐ hohe Tragfähigkeit bei geringen Drehzahlen
- ☐ geringer Geräuschpegel
- ☐ verschleißfreier Dauerbetrieb bei hohen Drehzahlen
- ☐ stoßartige Belastung
- ☐ starke Durchbiegung bei Achse bzw Welle
- ☐ einfache Austauschbarkeit bei Verschleiß

b) Welche zwei Eigenschaften der Wälzlager stehen bei diesem Flangetriebe im Vordergrund?

....

....

Aufgabe 2: Aufgaben von Achsen und Wellen angeben

Das Bauteil Pos. 2 des Flanschgetriebes wird als „Welle" bezeichnet. Warum wäre die Bezeichnung „Achse" nicht zutreffend?

....

Aufgabe 3: Bezeichnung der Lager erläutern

a) Rillenkugellager (8): Basiszeichen

62: ....

07: ....

Nachsetzzeichen RS1: ....

....

b) Zylinderrollenlager (9): Vorsetzzeichen

NU: ....

....

07: ....

....

Aufgabe 4: Richtlinien für Toleranzen anwenden (DIN 5425)

Fest- und Loslager

Abb. 1 bis Abb. 3 zeigen verschiedene Anordnungen beim Einbau der Wälzlager; dabei entspricht Abb. 1 dem Flanschlager.
Das Kugellager führt als „Festlager" in zwei axialen Richtungen.
Das Zylinderrollenlager erlaubt eine axiale Verschiebung zwischen Innenring und Rollen, es ist ein „Loslager".
Wodurch kann eine solche axiale Verschiebung entstehen?

....

....

Toleranzen

Damit ein Wälzlager die volle Lebensdauer erreicht, sollen die Lagerringe festsitzen. Einer der beiden Ringe kann jedoch aus Gründen einfacher Montage oder wegen der Funktion auch lose sitzen.
Die zugehörigen Toleranzen sind von verschiedenen Faktoren abhängig. Für den Allgemeinen Maschinenbau werden jedoch Richtwerte in DIN 5425 angegeben.

Entnehmen Sie daraus die Angaben für eine mittlere Belastung und eine mittlere Lagergröße.

a) Welcher Ring der Lager hat den Lastfall

Umfangslast: ....

Punktlast: ....

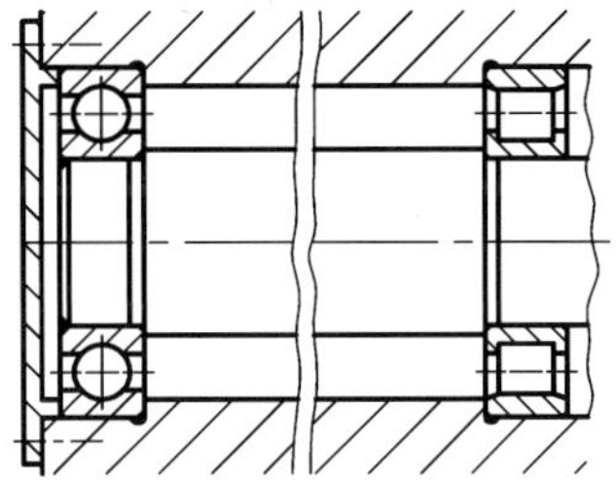

Abb. 1: Fest- und Loslager

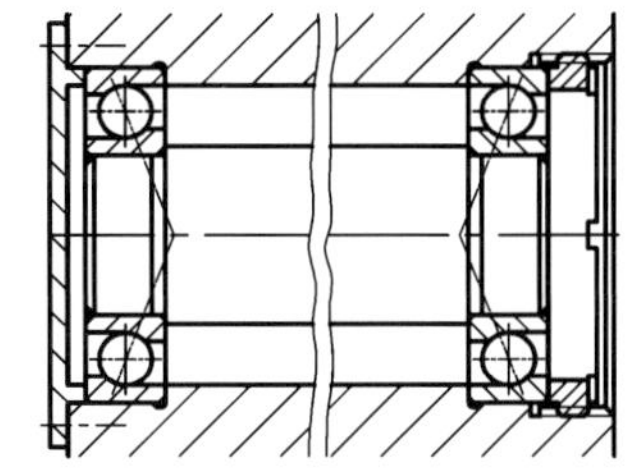

Abb. 2: Angestellte Lager

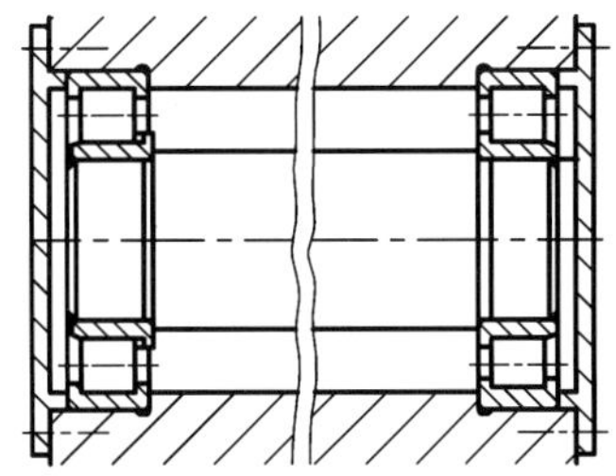

Abb. 3: Schwimmende Lager

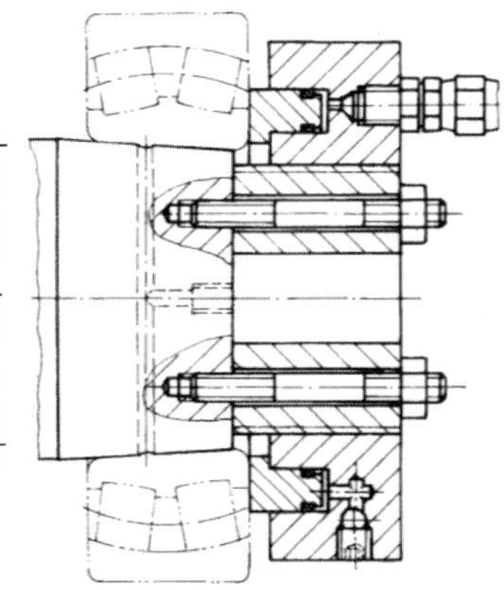

Abb. 4: Hydraulikmutter

b) Passung für Innenringe: ....

Grundabmaß Welle Kugellager: ....

Rollenlager: ....

Passung für Außenringe: ....

Grundabmaß bei Gehäusebohrung für Kugellager: ....

Rollenlager: ....

Toleranzklasse: Welle .... Bohrung ....

Aufgabe 5: Montage von Wälzlagern beschreiben

a) Warum ist die Montage von Zylinderrollenlagern der Bauart NU einfacher als die von Radialrillenkugellagern?

....

b) Welche Lagerarten können nicht im Ölbad erwärmt werden?

....

c) Wie hoch dürfen Wälzlager im Ölbad erwärmt werden?

....

d) Auf welchen Ring ist die Montagehülse aufzusetzen?

....

e) Welche Werkzeuge sind erforderlich, wenn die Lager mechanisch ausgebaut werden?

....

f) Für das Flanschgetriebe ist der Schmierstoff CP46 (DIN 51517) vorgesehen. Erläutern Sie diese Angabe.

C: ....

P: ....

....

....

46: ....

Aufgabe 6: Druckkraft einer Hydraulikmutter berechnen

Der Ringkanal der Hydraulikmutter Abb. 4 hat die Durchmesser D = 70 mm und d = 50 mm. Im Ringkanal herrscht ein Druck p_e = 50 bar. Wie groß ist die Druckkraft bei einem Wirkungsgrad von 82 %?

Passfedern sind im allgemeinen Maschinenbau häufig verwendete Verbindungsmittel zur Übertragung von Drehmomenten zwischen Wellen und Naben. Eine solche formschlüssige Verbindung erfüllt alle wesentlichen Anforderungen, die bei dem Flanschlager zum Antrieb eines Förderbandes notwendig sind.

Aufgabe 1: Passung Passfeder/Nut untersuchen

Bei der Übertragung eines gleichbleibenden (statischen) Drehmoments wird die Passfeder meist mit einem „leichten Sitz" eingebaut. Bei wechselnden, stoßartigen Drehmomenten ist ein „fester Sitz" zu verwenden.

a) Tragen Sie in Abb. 1 bis 3 die entsprechende Passung ein. Passfeder: Toleranzklasse h9

b) Ergänzen Sie Tab. 1 bis 3 und zeichnen Sie die Toleranzfelder ein.

Aufgabe 2: Richtige Montage der Passfeder (12) erläutern

Das Drehmoment und damit der Kraftfluss wird von der Welle über die Passfeder auf die Riemenscheibe übertragen. Der Kraftfluss versucht dabei, sein Ziel auf dem kürzesten Weg zu erreichen.

a) Tragen Sie den Kraftfluss mit mehreren Pfeillinien in Abb. 4 in Darstellung a und b ein.

b) Welches Bild zeigt die richtige Montage der Riemenscheibe? Begründen Sie.

....

....

....

....

....

Aufgabe 3: Werkstoffbezeichnung der Passfeder erklären

C45 + QT: ....

....

Aufgabe 4: Flächenpressung an Passfeder (12) berechnen

Durch die Passfeder soll ein Drehmoment von 40 Nm übertragen werden.

a) Mit welcher Umfangskraft wird das Drehmoment. übertragen?

b) Wie groß ist die Flächenpressung zwischen der Wellennut und der Passfeder?
Für die tragende Fläche ist anzusetzen: $A = 0{,}45 \cdot h \cdot (l - b)$

c) Warum ist als tragende Länge nicht die Gesamtlänge *(L)* zu verrechnen?

d) Wie groß ist nach DIN 6885 die Längentoleranz für die Passfeder (12) und die Wellennut?

Passfeder: .... Wellennut: ....

Aufgabe 5: Hauptnutzungszeit bestimmen

Die Wellennut wird mit einem unbeschichteten Nutenfräser aus HSS mit drei Schneiden gefräst. Die Drehfrequenz (Drehzahl) ist mit Hilfe eines Drehzahldiagramms zu ermitteln.

Schnittdaten:	Vorschub/Zahn	f_z	= 0,05 mm
	Schnittgeschwindigkeit	v_c	= 30 m/min
	Anzahl der Schnitte	i	= 2

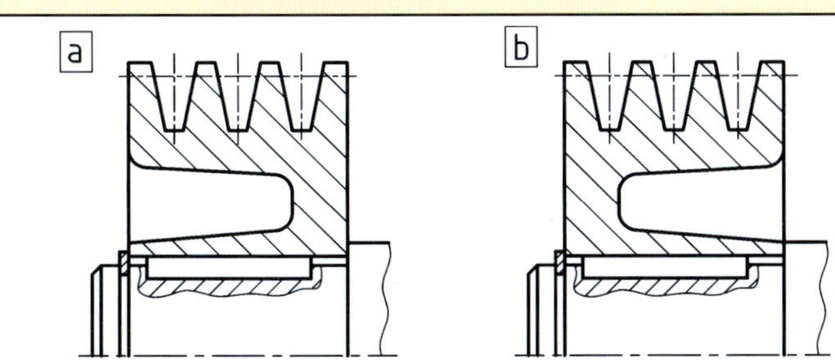

Abb. 4

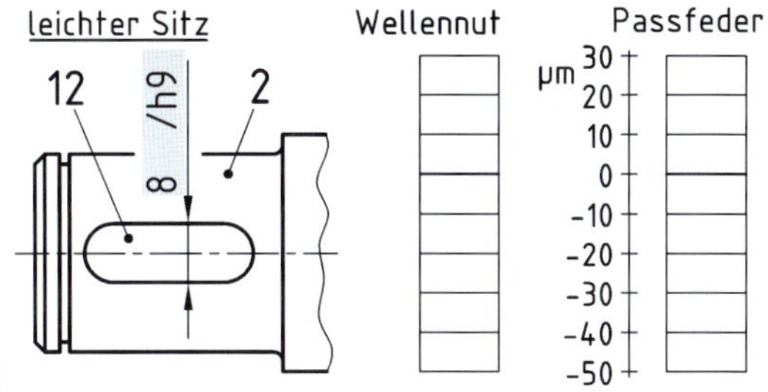

Abb. 1

		Wellennut	Passfeder
Maßangabe			8 h9
A	Grenzabmaße		
	Höchst-/Mindestmaß		
	Maßtoleranz		
B	Höchstspiel P_{SH}		
	Höchstübermaß $P_{ÜH}$		
	Passungsart		
statistischer Mittelwert	$x = \frac{P_{SH}+P_{SÜ}}{2} = \frac{\qquad}{2} =$		

Tab. 1

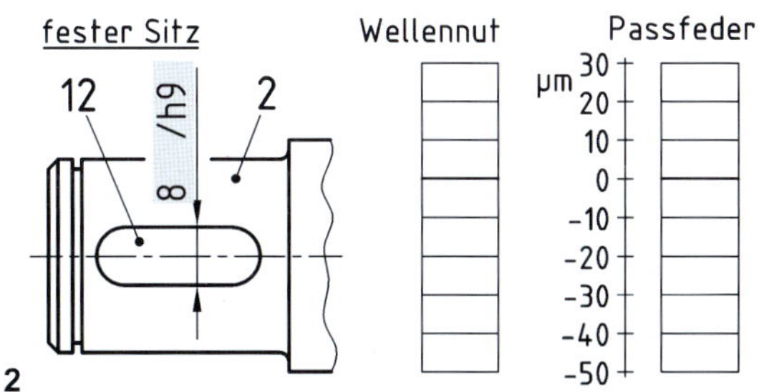

Abb. 2

		Wellennut	Passfeder
Maßangabe			8 h9
A	Grenzabmaße		
	Höchst-/Mindestmaß		
	Maßtoleranz		
B	Höchstspiel P_{SH}		
	Höchstübermaß $P_{ÜH}$		
	Passungsart		
statistischer Mittelwert	$x = \frac{P_{SH}+P_{SÜ}}{2} = \frac{\qquad}{2} =$		

Tab. 2

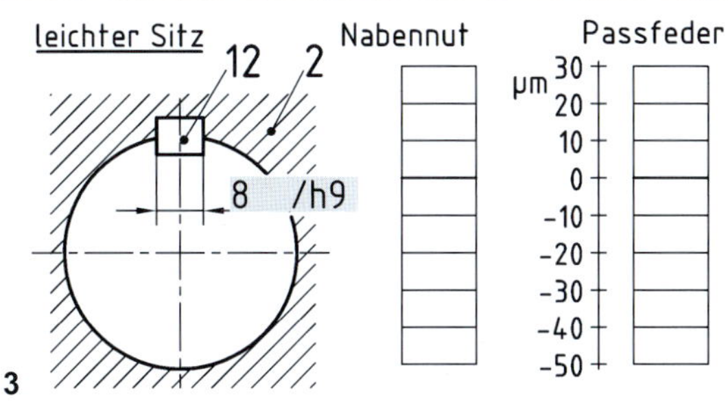

Abb. 3

		Nabennut	Passfeder
Maßangabe			8 h9
A	Grenzabmaße		
	Höchst-/Mindestmaß		
	Maßtoleranz		
B	Höchstspiel P_{SH}		
	Höchstübermaß $P_{ÜH}$		
	Passungsart		
statistischer Mittelwert	$x = \frac{P_{SH}+P_{SÜ}}{2} = \frac{\qquad}{2} =$		

Tab. 3

Für die Keilriemenscheibe (4) des Flanschgetriebes ist die Fertigung durch Gießen kostengünstiger als durch Spanen.

Darstellung und Bemaßen von Gussteilen (Abb. 1)

1. Zum Ausheben des Modells werden Formschrägen angebracht. Formschrägen werden jedoch meist nicht dargestellt.
2. Übergänge erhalten aus gießtechnischen Gründen Rundungen. Der Radius wird meist über dem Schriftfeld angegeben.
3. Rippen und Speichen werden nicht geschnitten. Ihre Querschnitte können in die Zeichenebene eingeklappt werden.
4. Die Maßtoleranzen der Gussteile sind in DIN ISO 8062 festgelegt.

Aufgabe 1: Teilzeichnung ergänzen (Abb. 2)

Tragen Sie nur die Angaben für das Spanen ein.
Hinweis: Gussmaße in seperater Zeichnung enthalten.

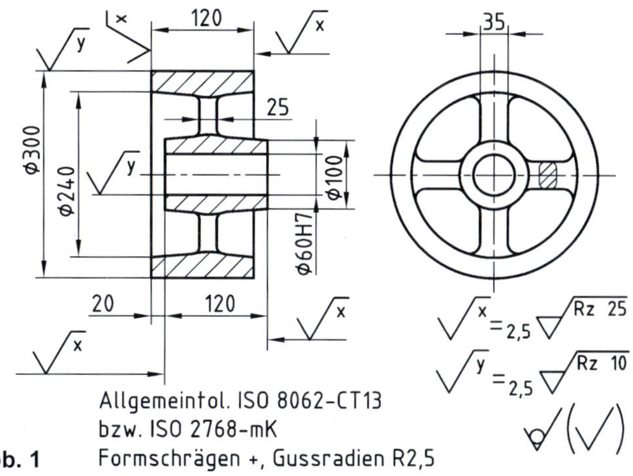

Abb. 1

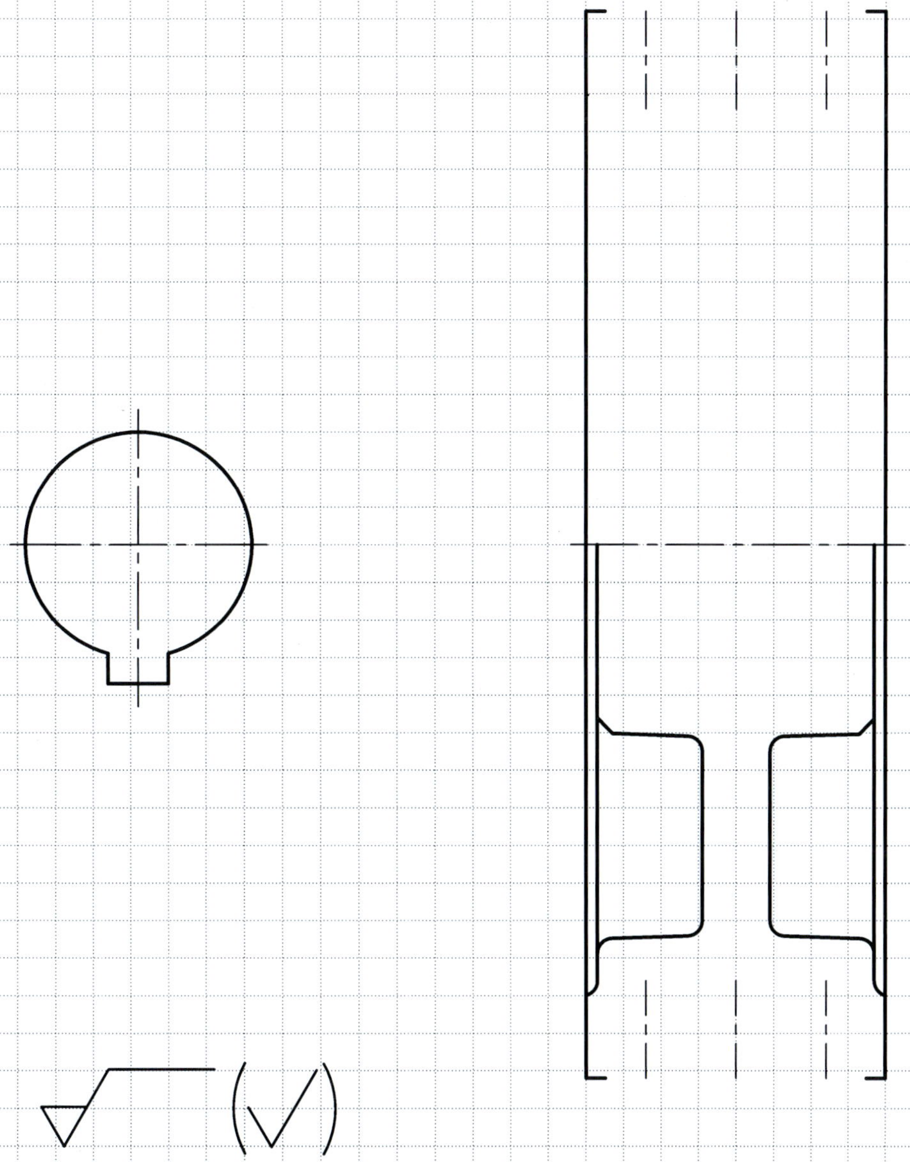

Abb. 2

		4	30	Keilriemenscheibe		
		Pos.	Menge	Benennung / Norm-Kurzbezeichnung	Werkstoff	Halbzeug / Bemerkung
		Maßstab 1:1		Datum / Name	Klasse	Schule
				Bearbeitet		
		Allgemeintoleranzen ISO 2768 -		Geprüft		
Toler.Maß	Grenzabmaße			Flanschgetriebe	Gussteil Teilzeichnung: Keilriemenscheibe (4)	Blatt Nr.

Aufgabe 1: Angaben zur Teilzeichnung der Welle erläutern und ergänzen

a) Geben Sie die Grenzmaße für die Gesamtlänge 175 an.

Höchstmaß: .... Mindestmaß: ....

b) Tragen Sie die Grenzabmaße für die ISO-Toleranzangaben in das Schriftfeld ein (vgl. ISO 286).

c) Berechnen Sie die Änderung der Toleranzfeldbreite, wenn sich beim Nennmaß 40 die Toleranz um einen Grad erhöht.

....

d) Bestimmen Sie die Kenngröße *Rz*, die bei üblicher Fertigung durch Schleifen erreicht wird.

....

e) Ermitteln Sie mit Hilfe des Tabellenbuchs die empfohlene Kenngröße *Rz* beim Toleranzgrad 6 und dem Nennmaß 35.

....

f) Geben Sie für die Welle die Kenngröße *Rz* bei Flächen ohne Eintrag der Oberflächenbeschaffenheit an.

....

g) Ergänzen Sie das Mindestmaß für den Abstand der Ring-nut zur Stirnseite (vgl. DIN 471).

h) Bestimmen Sie Grundabmaße und Toleranzklasse für die Lagersitze der Welle (2) bei mittlerer Belastung (vgl. DIN 5425).

Lagerart	Punkt-last	Umfangs-last	Grund-abmaße	Toleranz-klasse
Rillenkugel-lager (8)				
Zylinderrol-lenlager (9)				

i) Nennen Sie die Eigenschaft, die bei der geometrischen Tolerierung nach ISO 1101 erfasst ist.

....

j) Erläutern Sie die folgenden Angaben der Teilzeichnung:

- Eintrag zu den Werkstückkanten

  ....

- 1,6H13x28,6

  ....

  ....

- ISO 6411 – B2,5x5,3

  ....

  ....

  ....

- DIN 509 – E 1,2x0,2

  ....

  ....

- vergütet 320 + 50 HBW 2,5/187,5

  ....

  ....

  ....

  ....

Aufgabe 2: Teilzeichnung für den Deckel (3) anfertigen

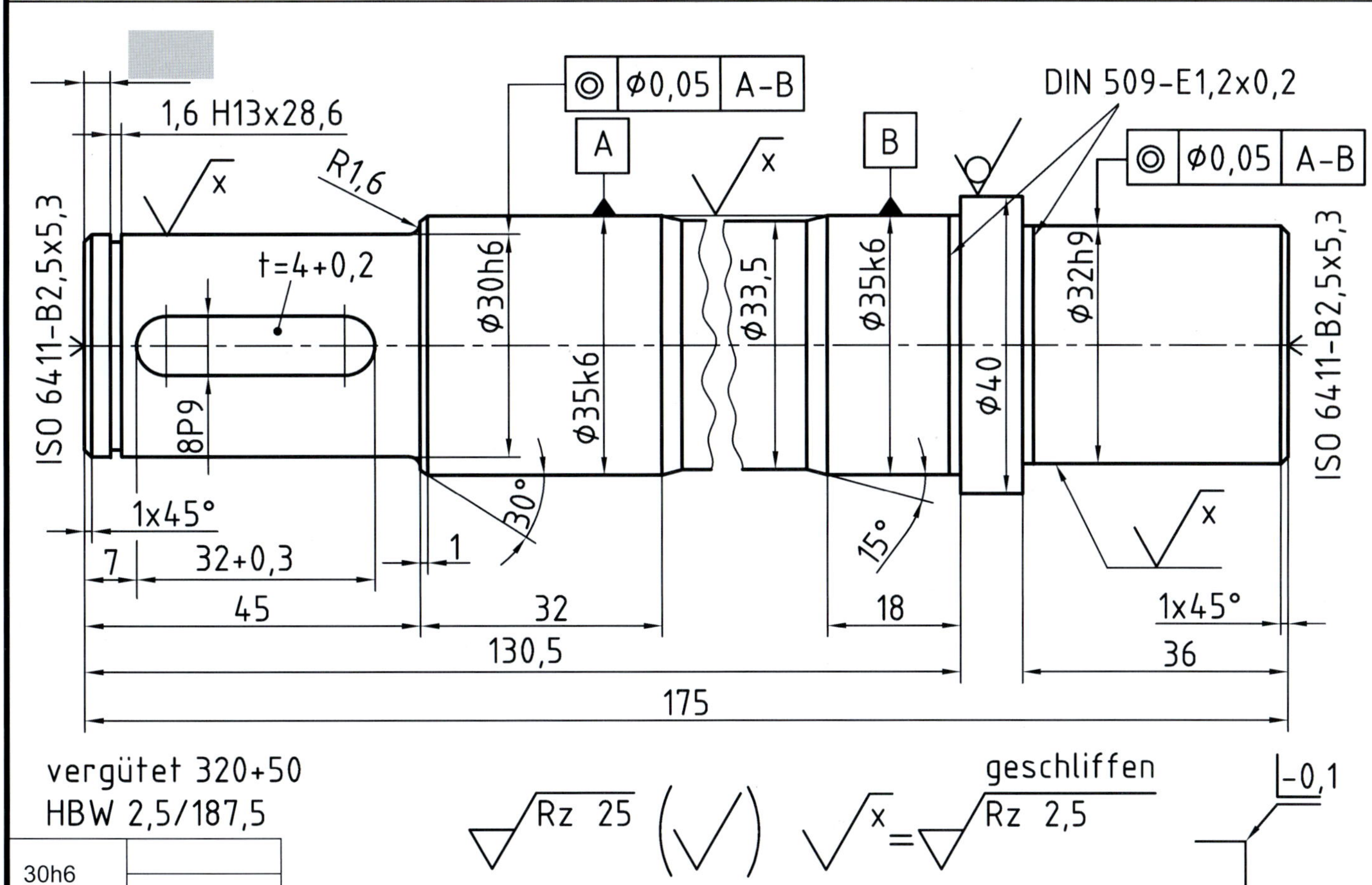

30h6		
32h9		
35k6		
8P9		

2	1	Welle	38CrS2	Rd EN 10278 – 40h11x178
Pos.	Menge	Benennung / Norm-Kurzbezeichnung	Werkstoff	Halbzeug / Bemerkung

Maßstab ----		Datum	Name	Klasse	Schule
	Bearbeitet				
Allgemein-toleranzen ISO 2768 - m K	Geprüft			....	....
	Flanschgetriebe	Informationsquellen Teilzeichnung: Welle (2)			Blatt Nr. ....

Der Ringspannsatz überträgt in dem Flanschgetriebe (Blatt 34) ein großes Drehmoment sicher von der Welle auf das Stirnrad.

Durch das Einziehen der Spreizkonusse (3 und 4) entsteht durch die Reibung der erforderliche Kraftschluss. Hier ergibt sich im Gegensatz zu einer formschlüssigen Verbindung (z. B. Passfeder) keine Schwächung des Querschnitts. Ringspannsätze werden vorteilhaft als Baueinheit bezogen; damit entfällt die aufwendige Fertigung der genauen Kegel und die einfache Demontage ist gewährleistet. Für die Fertigung der Nabenbohrung bzw. der Welle genügen bei:

- Bohrungen: Toleranzklasse H9 (H8)
- Wellen: Toleranzklasse h9 (h8)
- Oberflächen: jeweils Kenngröße *Rz* 16

Aufgabe 1: Pos. 1 bis 4 des Ringspannsatzes farbig anlegen

Aufgabe 2: Darstellung und Funktion erläutern

a) Warum ist beim Außenring (2) nur eine Hälfte schraffiert?

....

b) Die Spreizkonusse (3 und 4) haben unterschiedliche Kegelverjüngung. Welche Aufgabe hat

- der flache Kegel bei Pos. 3?

  ....

  ....

- der steile Kegel bei Pos. 4? ....

  ....

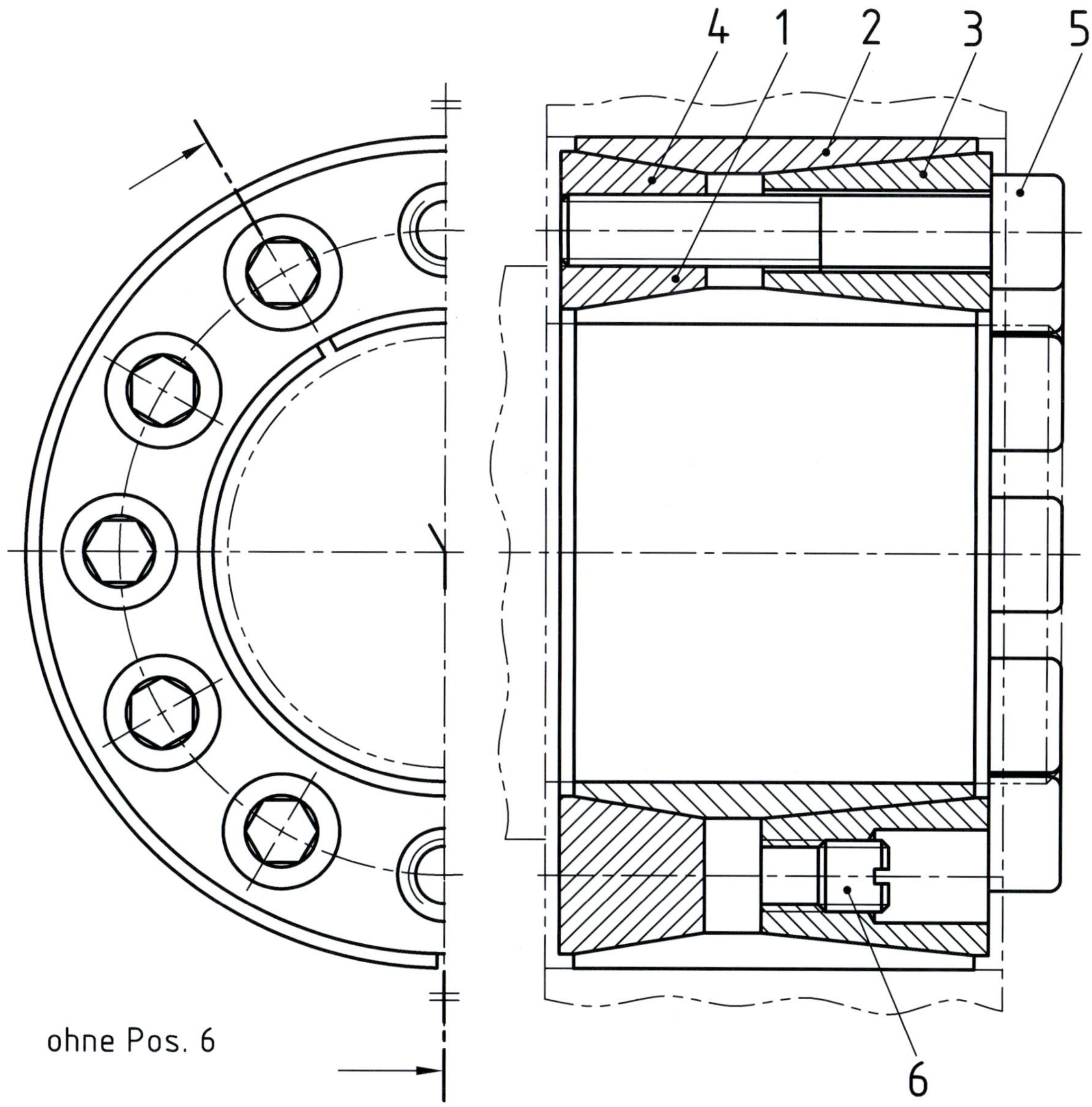

Abb. 1

Pos.	Menge	Benennung / Norm-Kurzbezeichnung	Werkstoff	Halbzeug / Bemerkung
6	2	Verschlussstopfen	PA6	
5	10	Zylinderschraube ISO 4762 – M5x30	10.9	
4	1	Spreizkonus steil	42CrMo4	
3	1	Spreizkonus flach	42CrMo4	
2	1	Außenring	42CrMo4	
1	1	Innenring	42CrMo4	

Toler.Maß	Grenzabmaße	Maßstab 2:1 / Allgemeintoleranzen ISO 2768 -		Datum	Name	Klasse	Schule
			Bearbeitet				
			Geprüft			....	....
			Flanschgetriebe	Ringspannsatz: Darstellung, Funktion			Blatt Nr. ....

Die im Flanschgetriebe verwendete Ausführung des Ringspannsatzes (16) mit jeweils zwei wirksamen Außen- und Innenkegeln ist nicht genormt.

Darstellung und Bemaßung von Kegeln (Abb. 1)

1. Für die Darstellung des Kegels genügt eine Ansicht.
2. Beim Ringspannsatz müssen die kegeligen Geometrieelemente genau zusammenpassen. Kegelverjüngung oder Kegelwinkel sind deshalb als theoretisch genaues Maß einzutragen. Ihre Flächenform erhält eine Toleranzangabe.
3. Die Lage der Kegelverjüngung wird durch ein Symbol angegeben.
4. Zusätzlich sind Kegellänge und großer Durchmesser bei Außenkegeln bzw. kleiner Durchmesser bei Innenkegeln erforderlich.

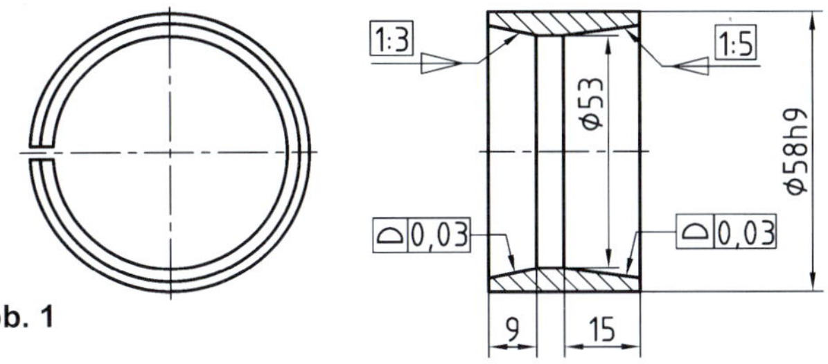

Abb. 1

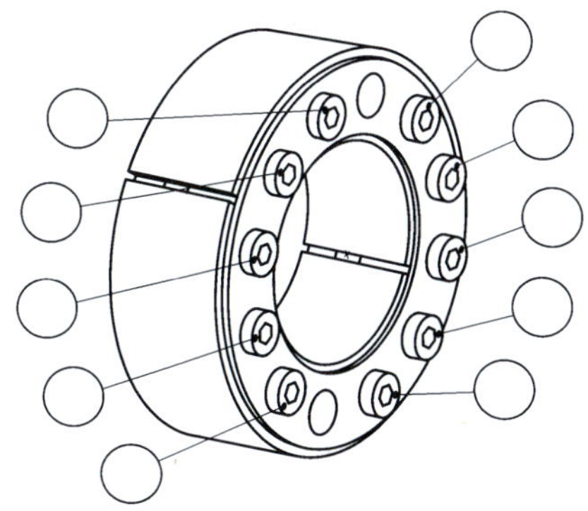
Abb. 2

Aufgabe 1: Kegelabmessungen berechnen (Abb. 1)

Berechnen Sie für den Außenring (2) für beide Kegel den Kegelerzeugungswinkel und den großen Durchmesser.

Aufgabe 2: Aufweitung für den Außenring (2) bestimmen

a) Wie groß ist das Höchstspiel, wenn der Außenring mit einer Passung 58H9/h9 gefügt wird?

....

....

b) Welche axiale Verschiebung ist dafür notwendig?

Verschiebung .... (Werte)

bei C = 1:5 ....

bei C = 1:3 ....

Aufgabe 3: Vorgehen beim Montieren angeben

a) Tragen Sie die Reihenfolge beim Anziehen der Schrauben in Abb. 2 ein. Begründen Sie.

....

....

b) Worauf ist beim Anziehen der Schrauben zusätzlich zu achten?

....

....

c) Warum ist die Herstellervorschrift „Ringe leicht geölt montieren" zu beachten?

....

....

....

Aufgabe 4: Lösen des Ringspannsatzes erklären

Die Ringe können trotz Lösen der Schrauben verspannt bleiben. Wie gehen Sie dann vor?

....

....

....

Aufgabe 5: Teilzeichnung für den Innenring (1) ergänzen

- Toleranzklasse der Bohrung H9
- Formtoleranz der Kegel wie bei Außenring (Abb. 1)
- Kegelflächen geschliffen mit Kenngröße *Rz* 4

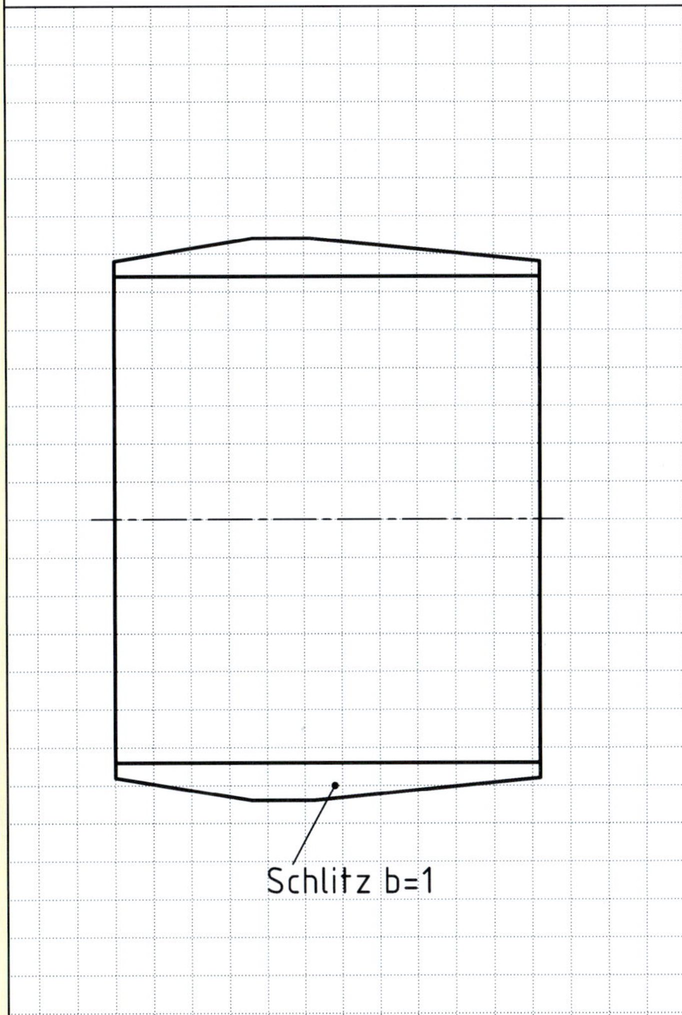

Abb. 3

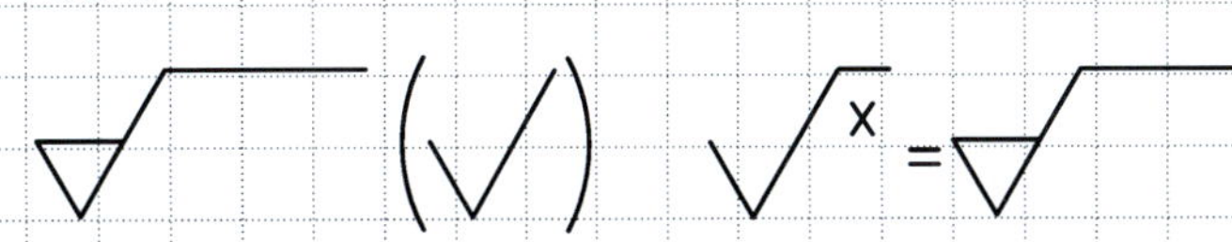

1	1	Innenring		
Pos.	Menge	Benennung / Norm-Kurzbezeichnung	Werkstoff	Halbzeug / Bemerkung

		Maßstab		Datum	Name	Klasse	Schule ....
			Bearbeitet				
		Allgemeintoleranzen ISO 2768 -	Geprüft				
Toler.Maß	Grenzabmaße		Flanschgetriebe	Ringspannsatz: Kegelverbindung		Blatt Nr. ....

Ringspannsätze (Blatt 40) sind keine Normteile, sie werden von Firmen in verschiedenen Größen als Baureihe gefertigt und vertrieben.

Der Aufwand für Konstruktion, Fertigung und Vertrieb wird reduziert, wenn die Größen systematisch entsprechend den Normzahlen nach DIN 323 gestuft sind. Die Abmessungen der nächst größeren Baueinheit erhält man über den Stufensprung einer Normzahlreihe. Die im Tabellenbuch angegebenen Werte (so genannte Hauptwerte) rundet man dabei auf gängige Maße.

Aufgabe 1: Tabelle für eine Baureihe ergänzen

Die Firma T. Maier bietet eine Baureihe mit den Ringspannsätzen RS 035, RS 045 ... an (siehe Tab. 1).

a) Vergleichen Sie die Angaben in der Tabelle mit den Werten der Normzahlreihen. Bestimmen Sie dann den Quotienten (Stufensprung) der Werte.

q = ... Norm: q = ...

b) Die Baureihe ist um die Typen RS 090 und RS 110 zu erweitern. Tragen Sie die Werte für die Parameter in Tab. 1 ein.

c) Im Bereich der größten Nachfrage zwischen RS 056 und RS 070 soll eine weitere Baugröße eingefügt werden.

Tragen Sie die Werte in Tab. 1 ein. q_{20} = ...

d) Normteile mit Abmessungen nach den Normzahlen gibt es auch z. B. im Werkzeugbau.
Geben Sie an, welche Normzahlen bei Säulengestellen (DIN 9812) für rechtwinklige Arbeitsflächen verwendet werden.

....

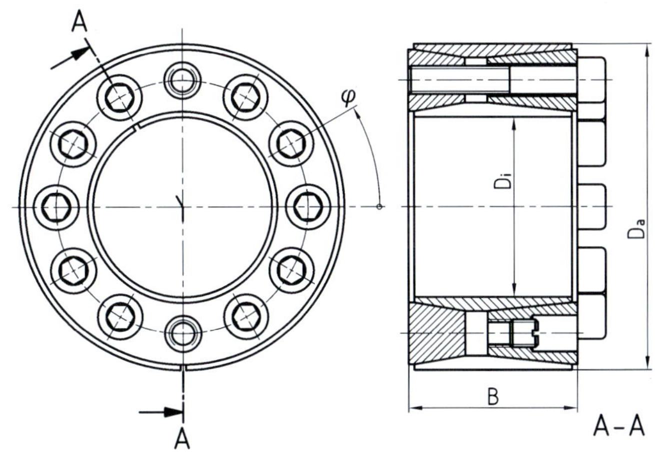

Abb. 1

Baureihe Ringspannsätze RS-X							
Typ	D_i mm	D_a mm	B mm	Sch.-zahl	φ °	Gew.	T Nm
RS 035	35	63	10	10	36	M5	100
RS 045	45	80	12	10	36	M6	200
RS 056	56	100	16	10	36	M8	400
RS 070	70	125	20	12	30	M10	800
RS 090							
RS 110							

Tab. 1

Bemaßung mit Polarkoordinaten Abb. 2 und 3

Für Werkstücke mit kreisförmig angeordnete Geometrieelementen eignet sich die Bemaßung mit Polarkoordinaten. Man benötigt dazu:

- den Teilkreisdurchmesser D_0 bzw. Teilkreisradius r_0,
- die Polarwinkel φ als steigende Bemaßung, beginnend an der +X-Achse gegen den Uhrzeigersinn eingetragen,
- Angaben zur den Geometrieelemente, z. B. M6.

Aufgabe 2: Polarkoordinaten und kartesische Koordinaten für den Lochkreis angeben

Der steile Spreizkonus (4) soll hergestellt werden. Da bei der Arbeitsplanung noch unklar ist, welche Maschine verwendet wird., sollen für die Gewinde die Polarkoordinaten und die kartesischen Koordinaten angegeben werden.

a) Tragen Sie in Abb. 2 ein
  - die beiden Achsen für die kartesischen Koordinaten
  - die Winkel φ_1, φ_2, φ_3
  - den Radius r_0 für die Polarkoordinaten

b) Ergänzen Sie bei Abb. 3
  - die Vorzeichen für X und Y in den 3 anderen Quadranten
  - die Umstellung der Winkelfunktionen nach φ, r_0, X_p und Y_p

c) Ergänzen Sie in Tab. 2 die Koordinaten für die Gewinde.

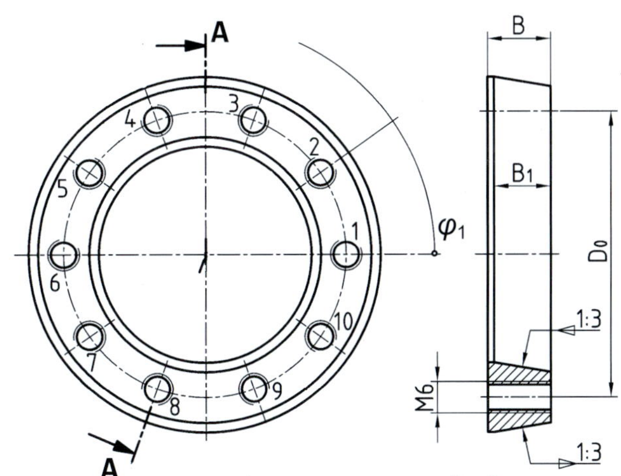

Abb. 2 Spreizkonus, steil

Pos.	D_0 mm	Polarkoordinaten			Kartesische Koordinaten		
		Gewin.	r_0	φ	Pos.	X	Y
1	62		31	0	1	31,000	0
2							
3							
4							
5							
6							
7							
8							
9							
10							

Tab. 2

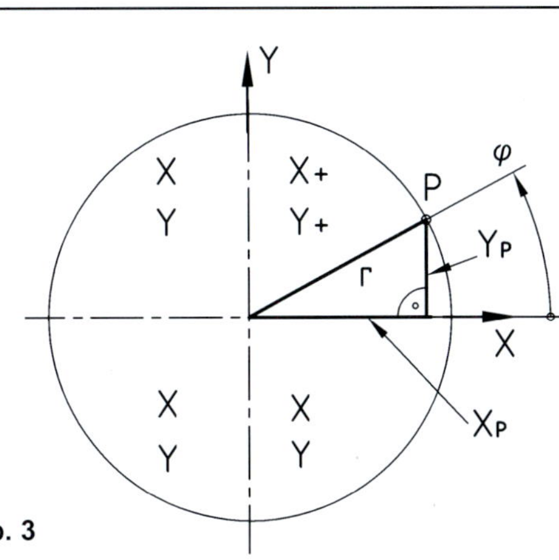

Abb. 3

sin α = a/c => a = ... bzw. X_p = ...

cos α = b/c => b = ... bzw. Y_p = ...

Blatt 42 | Flanschgetriebe | Baureihen, Normzahlen Polarkoordinaten

Datum	Klasse	Name	Blatt Nr.
....	....	....	....

Bearbeiten Sie diese Gesamtzeichnung mit eigenen Aufgabenstellungen. In den folgenden Angaben finden Sie Anregungen. Dokumentieren und präsentieren Sie Ihre Ergebnisse.

Technische Kommunikation
Gesamtzeichnung, Stückliste, Normteile, Bauteile, Teilzeichnungen, Toleranzen, Oberflächenbeschaffenheit ...

Technologie
Verbindungstechniken, Kraftfluss, Fertigungstechniken, Werkzeuge, Fertigungspläne, Funktion, Wartung, Kosten, Arbeitssicherheit, Umweltschutz ...

Technische Mathematik
Kräfte, Leistung ...

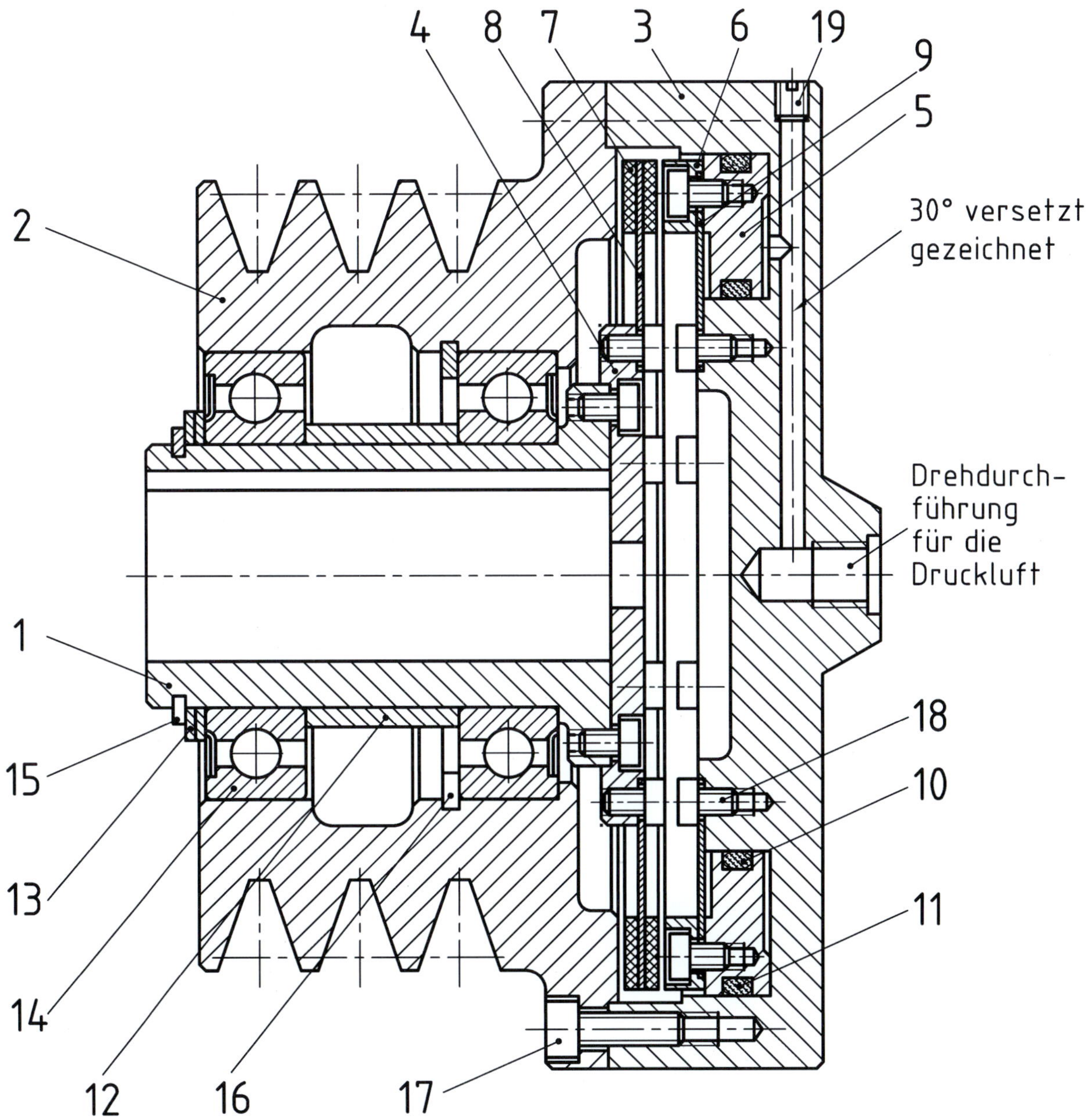

Abb. 1

Pos.	Menge	Benennung / Norm-Kurzbez.	Werkstoff
10	1	O-Ring DIN 3771 – 82x3,55	NBR 72
9	1	Federscheibe klein	
8	1	Federscheibe groß	
7	2	Reibbelag	
6	1	Druckstück	
5	1	Kolben	
4	1	Scheibe	
3	1	Deckel	
2	1	Riemenscheibe SPA	
1	1	Nabe	

Pos.	Menge	Benennung / Norm-Kurzbez.	Werkstoff
19	1	Gewindestift ISO 4766 – M5x6	14H
18	24	Zylinderschr. DIN 7984 – M4x6	8.8
17	6	Zylinderschr. ISO 4762 – M5x16	8.8
16	1	Sicherungsring DIN 471 – 68x2,5	St
15	1	Sicherungsring DIN 472 – 40x1,75	St
14	2	Rillenkugellager DIN 625 – 6008 RS	
13	2	Passscheibe DIN 988 – 40x50x1,5	
12	1	Distanzstück	
11	1	O-Ring DIN 3771 – 120x3,55	NBR 72

		Maßstab 1:1		Datum	Name	Klasse	Schule
			Bearbeitet				
		Allgemeintoleranzen ISO 2768 -	Geprüft				
Toler.Maß	Grenzabmaße		Pneumatische Einscheibenkupplung (Freiarbeit)				Blatt Nr.

In pneumatischen und hydrauliachen Anlagen wie z. B. der Montagevorrichtuntg Blatt 48 benötigt man Drosselventile, um damit die Kolbengeschwindigkeit einzustellen.

Aufgabe 1: Legen Sie die Teile 1 bis 4 farbig an

Aufgabe 2: Gestaltung von Geometrieelementen erläutern

a) Das Gehäuse (1) hat zwei Anschlussgewinde (A und B) nach DIN EN10226-1. Geben Sie die Kurzbezeichnung an. Erläutern Sie diese Angabe.

Gewindebezeichnung: ....

Im Gewinde dichtend: ☐ ja ☐ nein

Kern ØD1 = ... Steigung P = ...

b) Warum hat die Verschraubung der Aufnahme (3) mit dem Gehäuse (1) ein Feingewinde?

....

c) Welchen Zweck hat das freie Außengewinde bei der Aufnahme (3)?

....

....

....

d) Welche Aufgabe hat die Sechskantmutter (8)?

....

....

e) Die Sechskantmutter (8) ist als niedrige Form ausgeführt. Begründen Sie diese Wahl.

....

....

f) Das Gehäuse (1) hat zwei Bohrungen Ø6,6 H13. Wozu dienen diese Bohrungen?

....

Woran ist zu erkennen, dass sie durchgehend sind?

....

....

g) Woran ist bei der Darstellung des Sperrkörpers (4) zu erkennen, dass er nicht aus Metall ist?

....

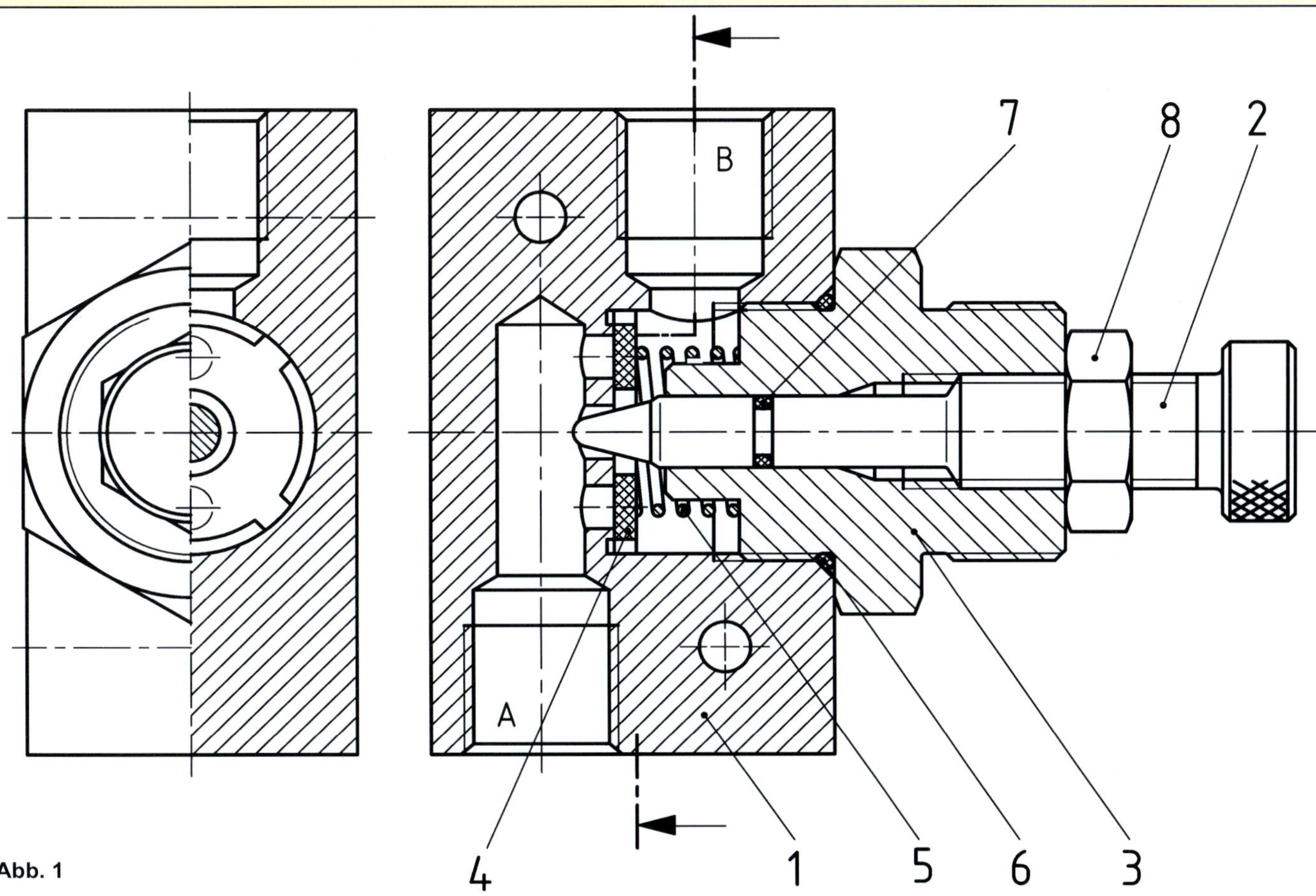

Abb. 1

Pos.	Menge	Benennung / Norm-Kurzbezeichnung	Werkstoff	Halbzeug / Bemerkung
8	1	Sechskantmutter ISO 4035 – M16	04	
7	1	O-Ring DIN 3771 – 7,1 x 1,8	NBR 72	
6	1	O-Ring DIN 3771 – 31,5 x 2,65	NBR 72	
5	1	Druckfeder DIN 2098 – 1,6 x 22 x 20	B	
4	1	Sperrkörper	PTFE	Kaufteil
3	1	Aufnahme	EN AW-Al Cu4PbMgT4	6kt EN 754-6 – 46 x 57
2	1	Stellschraube	EN AW-Al Cu4PbMgT4	Rd EN 754-3 – 25 x 112
1	1	Gehäuse	EN AW-Al Cu4Mg1T6	Fl EN 755-5 – 55x45x92

Toler.Maß	Grenzabmaße	Maßstab		Datum	Name	Klasse	Schule
		1:1	Bearbeitet			....	....
		Allgemeintoleranzen ISO 2768 - ----	Geprüft				
			Drosselrückschlagventil	Gesamtzeichnung Gestaltung von Geometrieelementen			Blatt Nr. ....

Das Drosselrückschlagventil (Blatt 44) besteht aus unterschiedlichen Werkstoffen. Aufgrund der besonderen Eigenschaften wie Gießbarkeit, Korrosionsbeständigkeit, Dichte usw. werden im Maschinenbau und in der Feinwerktechnik häufig Nichteisenmetalle und ihre Legierungen verwendet. Die Werkstoffbezeichnung von Nichteisenmetallen erfolgt

- numerisch oder
- mit chemischen Symbolen.

Beispiel EN AW – Al MgSi T6

Europäische Norm	Kennbuchstabe für NE-Metall	Kennbuchstabe für Verarbeitung	Bezeichnungssystem	Werkstoffzustand je für
EN	A: Aluminium C: Kupfer M: Magnesium Z: Zink	W: Knetlegierung (engl. wrought) C: Gusslegierung (engl. casting)	numerisch oder mit chemischen Symbolen	Al Cu Mg

Aufgabe1: Werkstoffe des Drosselsselrückschlagventils für das Recycling in drei Gruppen einteilen

a) .... Pos. ....

b) .... Pos. ....

c) .... Pos. ....

Aufgabe 2: Fertigungsverfahren für Halbzeuge angeben

a) Pos. 1: (EN 755-5) ....

b) Pos. 2: (EN 754-3) ....

Aufgabe 3: Werkstoffbezeichnungen angeben

a) Zu welcher Gruppe von Legierungen gehören die Werkstoffe von Pos. 1 bis 3 entsprechend der Verarbeitung zum Halbzeug?

....

b) Erläutern Sie die Werkstoffbezeichnung von

Pos. 1: EN AW – Al Cu4Mg1 T6 ....

....

....

....

Pos. 2: EN AW – Al Cu4PbMg T4 ....

....

....

....

c) Geben Sie die Werkstoff-Nr. für Pos. 3 an.

....

e) Ermitteln Sie für Pos. 1 folgende Kennwerte:

Zugfestigkeit .... N/mm^2 (MPa), Dehngrenze .... N/mm^2

Bruchdehnung .... %

Aufgabe 4: Aushärten von EN AW-2017 (Al Cu4MgSi – T4) erläutern

Lösungsglühen ....

Abschrecken ....

Auslagern ....

erreichte Festigkeit ....

Aufgabe 5: Aluminium-Gusslegierungen bestimmen

Gehäuse von Ventilen werden in großer Stückzahl benötigt. Komplizierte Formen können vorteilhaft durch Gießen hergestellt werden.

a) Bestimmen Sie mit Hilfe des Tabellenbuches eine Legierung für Kokillenguss, im Gusszustand belassen.

Kurzzeichen: ....

Werkstoffnummer: ....

b) Erläutern Sie dieses Kurzzeichen.

....

....

....

c) Welches Legierungselement begünstigt die Gießbarkeit?

....

d) Aluminium wird nach der Gebrauchsdauer häufig durch Recycling wiederverwendet. Nennen Sie dafür Gründe.

....

....

....

....

Aufgabe 6: Kurzzeichen nichtmetallischer Werkstoffe erläutern

a) Erläutern Sie die Werkstoffangabe von Pos. 4 und 6:

PTFE ....

NBR ....

b) Welche gemeinsame Eigenschaft müssen diese Werkstoffe im Drosselrückschlagventil haben?

....

Aufgabe 7: Eigenschaften und Werkstoffe angeben

Stellen Sie die notwendigen Eigenschaften für die Teile Abb. 1 bis 3 fest. Geben Sie geeignete Werkstoffe an.

Abb. 1

Pneumatik-Steuerkolben

Eigenschaften: ....

Kurzzeichen: ....

Werkstoff-Nr.: ....

Abb. 2

Gehäuse für Wasserventil

Eigenschaften: ....

Kurzzeichen: ....

Werkstoff-Nr.: ....

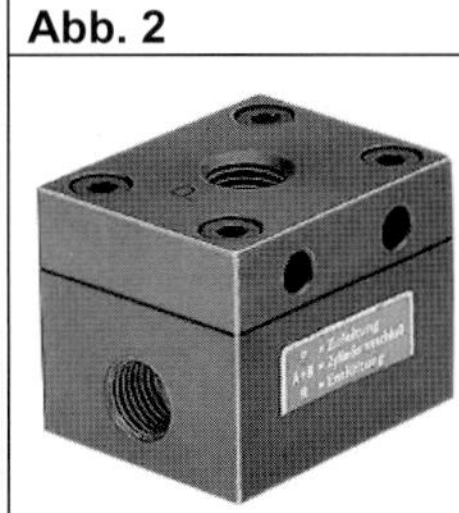

Abb. 3

Gehäuse für Pneumatikventil

Eigenschaften: ....

Kurzzeichen: ....

Werkstoff-Nr.: ....

Aufgabe 1: Teilzeichnung für Stellschraube (2) anfertigen

a) Ergänzen Sie die Darstellung in Abb. 1 und 2.
Kennzeichnen Sie in Abb. 1 den Bereich der Einzelheit.
Geben Sie den Maßstab der Einzelheit an.

b) Bemaßen Sie mit steigender Bemaßung.
- Einzelbemaßung für Nut und Fase
- Teilung bei der Rändel: 1,6 mm
- Radius der kugeligen Kuppe beim Kegel: 2 mm
- Die Zentrierbohrungen (A1,6 / 3,35) für das Schleifen dürfen am Fertigteil nicht mehr vorhanden sein (Eintrag siehe ISO 6411).
- Nut des O-Ringes: Breite, Tiefe und Radien siehe DIN 3771 als rechtwinklige Ausführung

c) Geben Sie die Oberflächenbeschaffenheit an.
- alle Flächen Kenngröße *Ra* 4
- Ausnahmen: Flächen der Nut und Führungsfläche zu Pos. 3 *Ra* 1,6

Führungsteil und Dichtkegel geschliffen, mit der bei üblicher Fertigung erreichbaren Kenngröße für *Ra*

d) Tragen Sie die Toleranzen ein.
- Allgemeintoleranzen ISO 2768 – m K
- Spaltweite zur Führung im Gehäuse mit geringem Spiel
- Koaxialität der Nut zum Außendurchmesser mit Toleranzwert 0,025 mm

e) Ergänzen Sie das Schriftfeld.

Aufgabe 2:Teilzeichnung für die Aufnahme (3) erstellen

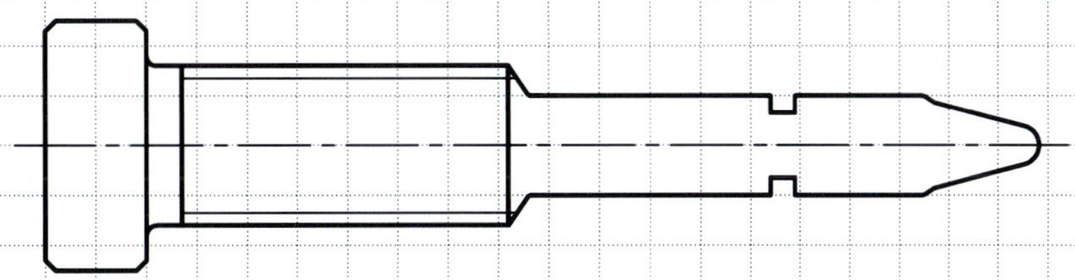

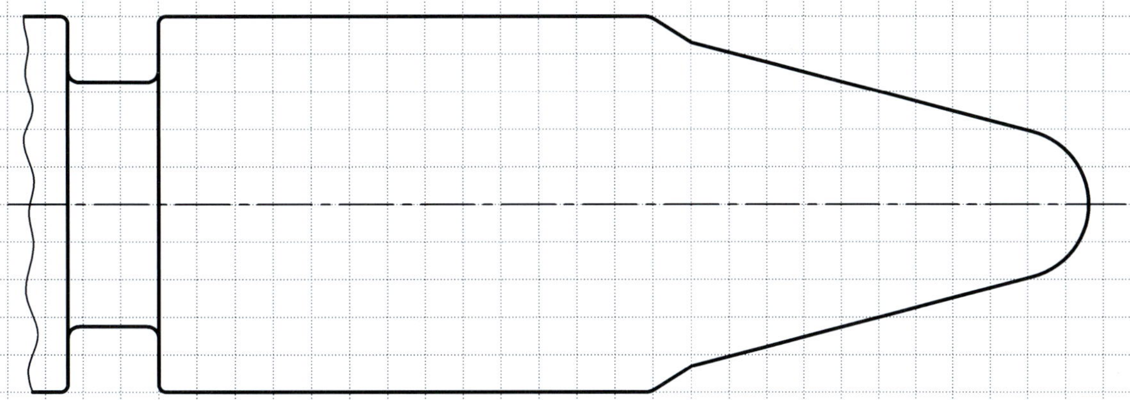

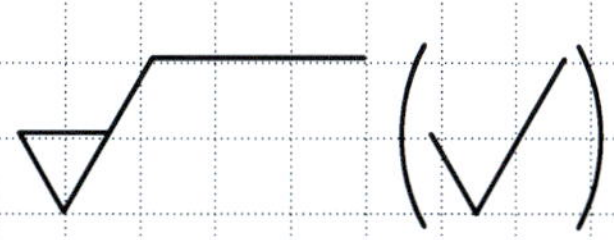

		2	1	Stellschraube		
		Pos.	Menge	Benennung / Norm-Kurzbezeichnung	Werkstoff	Halbzeug / Bemerkung
		Maßstab		Datum / Name	Klasse	Schule ....
				Bearbeitet		
		Allgemein-toleranzen ISO 2768 -		Geprüft		
Toler.Maß	Grenzabmaße			Drosselrückschlagventil	Teilzeichnung: Stellschraube (2) Einzelheit	Blatt Nr. ....

Aufgabe 1: Teilzeichnung für die Aufnahme (3) ergänzen

a) Der Gewindefreistich für das linke, etwas längere Außengewinde, ist als vergrößerte Einzelheit dargestellt.

Bemaßen und kennzeichnen Sie diese Einzelheit. Geben Sie auch den Maßstab an.

b) Der rechte kurze Gewindefreistich soll mit der Normkurzbezeichnung eingetragen werden.

c) Die beiden Außengewinde haben ein Feingewinde M36x1,5.

d) Um eine Beschädigung des O-Rings (7) zu vermeiden, darf die Oberflächenbeschaffenheit des kegeligen Übergangs und der Bohrung höchstens die Kenngröße *Ra* 0,4 haben.

Aufgabe 2: Halbzeug bestimmen

Die Aufnahme (3) wird aus Rundmaterial hergestellt, da kein geeignetes 6kt-Material zur Verfügung steht.

a) Welchen Durchmesser muss das Rundmaterial haben?

....

....

b) Wie groß muss der Durchmesser sein, wenn statt des 6-Kants ein 4-Kant gleicher Schlüsselweite angebracht wird?

Aufgabe 3: Werkstoffangabe und Eigenschaften erläutern

Die Aufnahmr hat die Werkstoffangabe
EN AW – AlCu4PbMgT4

a) Was besagt diese Angabe?

EN ....

AW – Al ....

Cu4PbMg ....

....

T4 ....

....

b) Welche Auswirkung hat das Verfahren T4?

....

....

....

c) Welche zwei Eigenschaften des Werkstoffs waren bei der Auswahl vermutlich entscheidend?

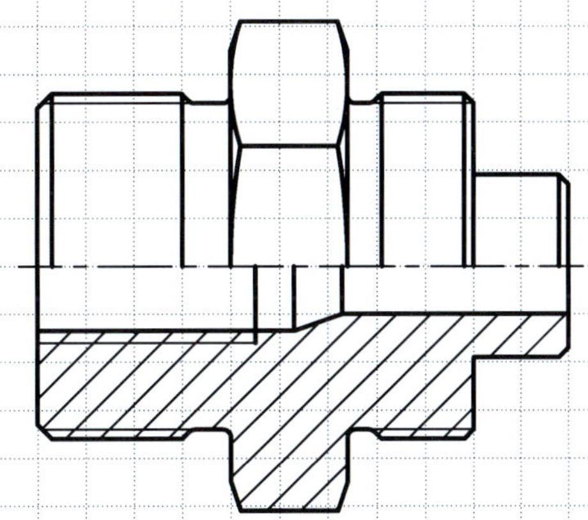

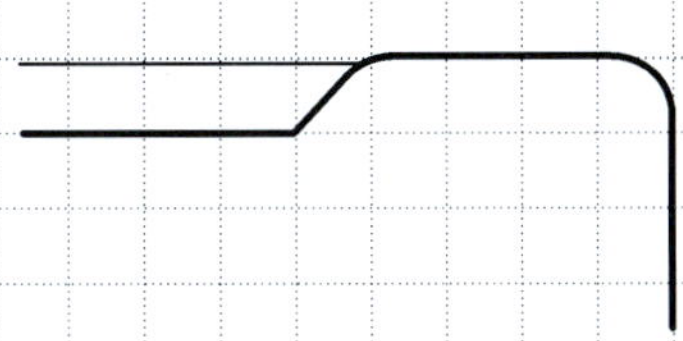

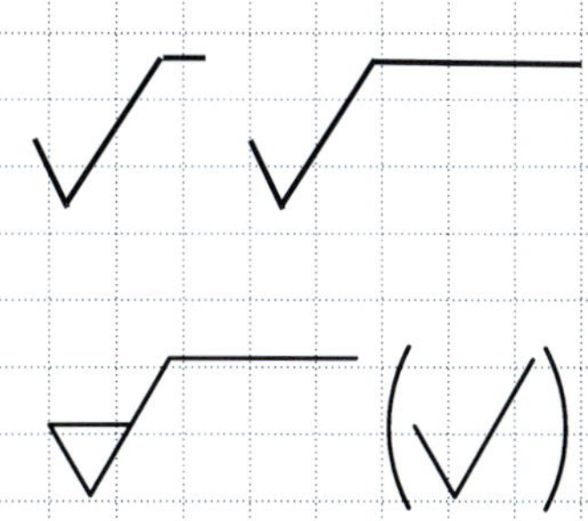

	3	1	Aufnahme		
	Pos.	Menge	Benennung / Norm-Kurzbezeichnung	Werkstoff	Halbzeug / Bemerkung

Maßstab		Datum	Name	Klasse	Schule
	Bearbeitet			....	....
Allgemeintoleranzen ISO 2768 -	Geprüft				
	Drosselrückschlagventil	Teilzeichnung: Aufnahme (3) Werkstoffangabe			Blatt Nr. ....

Bei der Montagevorrichtung (Abb. 1) werden Blechwinkel gespannt und anschließend Lager eingepresst. Spann- und Einpresszylinder werden pneumatisch betätigt. Im Folgenden wird die pneumatische Steuerung dieser Vorrichtung schrittweise bis zu einer elektropneumatischen Ablaufsteuerung optimiert.

Schemadarstellung und Schaltplan

Schematische Darstellungen (Abb. 1) sind für im Zeichnungslesen ungeübte Personen geeignet. Komplexere Anlagen und technische Unterlagen werden für Fachkräfte in Schaltplänen nach ISO 1219 dargestellt und die Bauelemente zunehmend nach EN 81346 benannt (Abb. 2).

Aufgabe 1: Informationen aus Abb. 1 entnehmen

a) Legen Sie den Blechwinkel und das Lager mit verschiedenen Farben an.

b) Kennzeichnen Sie unter Druck stehende Teile z. B. rot
drucklose Teile z. B. blau

c) Welche Teile gehören zur Aufbereitungseinheit –AZ?

....

....

d) Welche Bauteile sind davor dargestellt?

....

Aufgabe 2: Pneumatik-Schaltplan in Abb. 2 ergänzen

a) Ermitteln Sie mit Hilfe des Tabellenbuchs die Kurzbezeichnungen nach EN 81346 für folgende Bauelemente.

Zylinder	*MM*	Anzeigeinstrument	
Kompressor		Endschalter	
Wegeventil		Rückschlagventil	
Drosselventil		Drosselrückschlagventil	
Taster (elektr.)		Handbetätigtes Ventil	
Aufbereitungs-einheit		Hilfsschütz, Relais	
Ventilblock		Betätigungs-/Ventilspule	

b) Welche Nummern haben die Anschlüsse für die

- Druckversorgung ....
- Arbeitsleitungen ....
- Rückleitungen ....
- Steuerleitungen ....

c) Ergänzen Sie im Schaltplan (Abb. 2) die Bezeichnung der Bauteile, die Schaltzeichen und sonstige Angaben.

Aufgabe 3: Funktionsbeschreibung ergänzen

1. Hauptventil *-SJ* in Stellung .... bringen => Anlage ist betriebsbereit
2. Blechwinkel und Lager in die Vorrichtung einlegen
3. Stellglied mit Pedal von Stellung .... in Stellung .... bringen und halten => Spannzylinder .... fährt aus und ....
4. Stellglied .... von Hand betätigen, die Stellung .... gedrückt halten => Einpresszylinder .... und presst das Lager ein.
5. Stellglied .... loslassen => .... wird durch .... in Stellung .... zurückgesetzt => Einpresszyzylinder ....
6. Stellglied .... durch Freigeben des Pedals von Stellung .... in Stellung .... umlegen => Spannzylinder .... und entspannt ....
7. Werkstück entnehmen

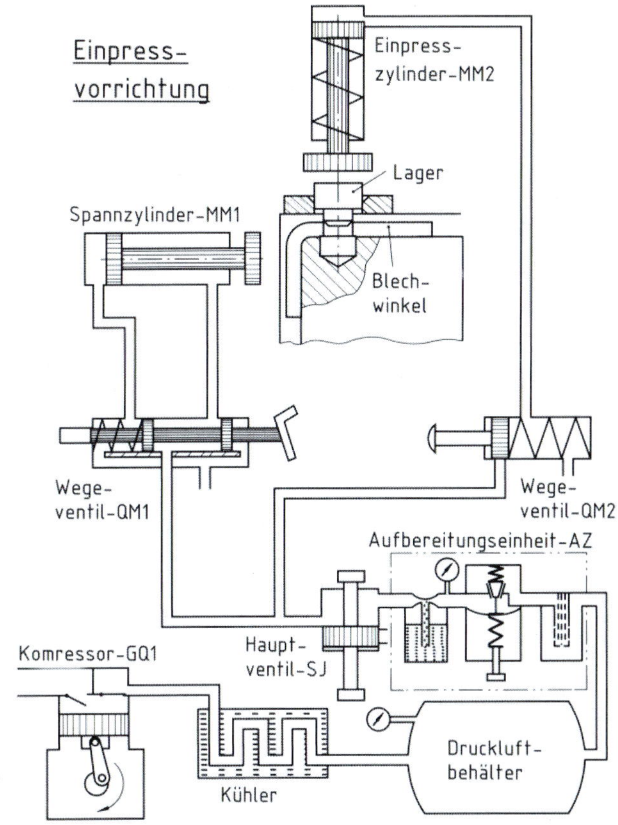

Abb. 1 Schemadarstellung

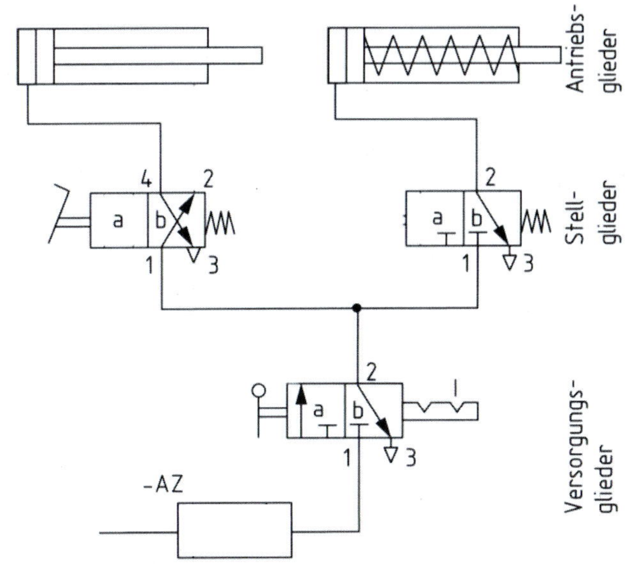

Abb. 2 Schaltplan

Aufgabe 4: Druckkraft und Luftverbrauch bestimmen

Technische Daten der Pneumatikzylinder:

Spannzylinder Ø40 mm, Kolbenstange Ø16 mm
Einpresszylinder Ø50 mm, Kolbenstange Ø20 mm

Der Wirkungsgrad der Zylinder beträgt 88 %. Über das Betriebsnetz steht ein Druck p = 6 bar (= 0,6 Mpa) zur Verfügung.

Ermitteln Sie

a) die Druckkraft des Spannzylinders.

b) die Druckkraft des Einpresszylinders.

c) den Luftverbrauch bei den einzelnen Zylindern und den Verbrauch für 600 Hübe, wenn der Kolbenhub beim Spannen 50 mm und beim Einpressen 75 mm beträgt.

d) die standardisierten Hublängen der beiden Zylinder.

e) den Wirkungsgrad, wenn beim Spannzylinder nur eine Druckkraft von 485 N festgestellt wird.

Montagevorrichtung
Pneumatik: Schemazeichnung, Schaltplan

Datum	Klasse	Name	Blatt Nr.
....	....	....	....

Die direkte Steuerung wie bei der Montagevorrichtung (Blatt 48) ist aufwändig und erfordert bei zwei Zylindern vom Bedienenden hohe Konzentration. Für gleich bleibend wiederkehrende Verrichtungen eignen sich Ablaufsteuerungen. Dabei werden die Stellglieder durch pneumatische Signale (Druckimpulse) gesteuert.

Beispiel (Abb. 1)
Der Zylinder -MM1 betätigt den Stellschalter -BG1, dieser schaltet mit einem Druckimpuls das Wegeventil –QM1 wieder in die Stellung b und der Zylinder -MM1 fährt ein.

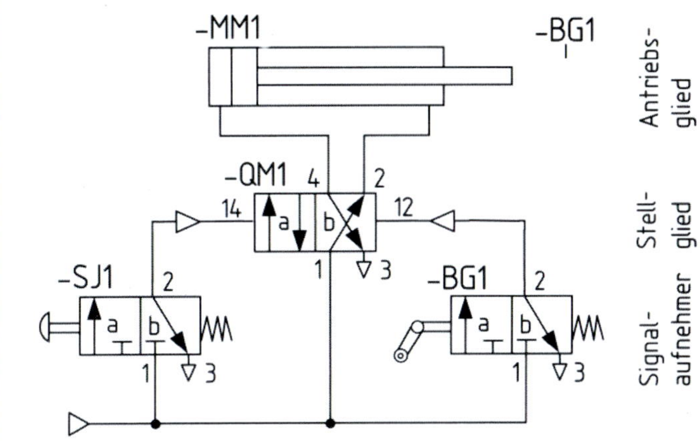

Abb. 1: Schaltplan: Ablaufsteuerung

Funktionsplan der Montagevorrichtung (Abb. 2)

Der Funktionsplan gibt eine Übersicht, in welchen Schritten die Steuerung ablaufen soll. Er enthält noch keine Angaben über die zu verwendenden Bauteile und deren Anordnung. Der Aufbau des Funktionsplans ist nach DIN EN 60848 auszuführen.

Beispiel
Dem Schritt 3 ist der Befehl „Zylinder -MM2 ausfahren" zugeordnet. Voraussetzung dazu ist die über dem Befehl stehende Wirkverbindung „-BG2 (Zylinder -MM1 ist ausgefahren)".

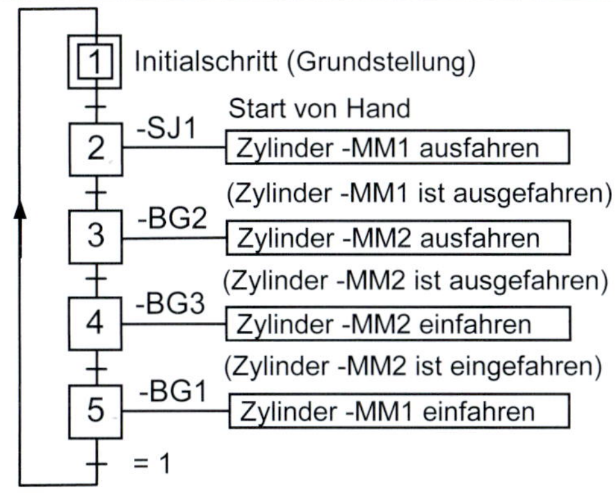

Abb. 2: Funktionsplan Montagevorrichtung

Funktionsdiagramm der Montagevorrichtung (Abb. 3)

Das Funktionsdiagramm gibt an, welche Antriebs- und Stellglieder zu verwenden sind.

Beispiel
- einfachwirkender Zylinder -MM2 zum Einpressen der Lager,
- 3/2- Wegeventil -QM2 zum Steuern des Zylinders -MM2.

Das Funktionsdiagramm zeigt zusätzlich die Funktionsfolge und die steuerungstechnische Verknüpfung der Bauglieder sowie deren Zustände (Lage und Bewegung) und Änderungen (siehe Tabb. S. ....).

Beispiel: Schritt 3 (vgl. Funktionsplan)
- Zylinder -MM2 ausfahren, dazu muss das 3/2-Wegeventil -QM2 in der Schaltstellung *a* sein, damit der Durchfluss zur Kolben-seite des Zylinders -MM2 frei wird.
- -QM2 wird durch Druckimpuls vom Signalglied -BG2 gesteuert.
- -BG2 wird durch die Übergangsbedingung „Zylinder -MM1 ist ausgefahren" im Zustand 1 betätigt.

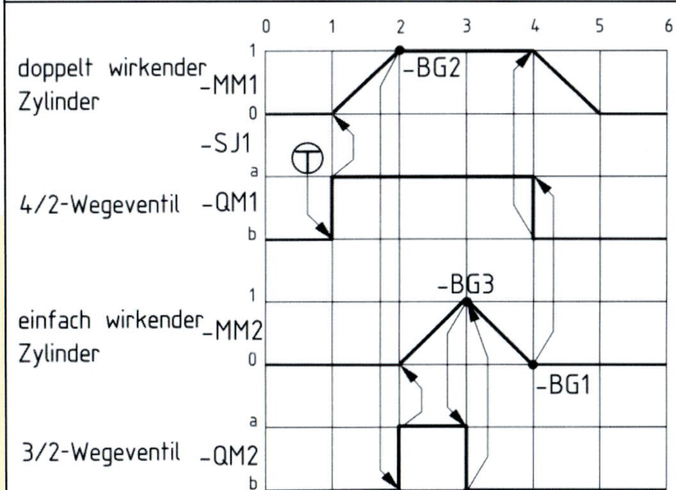

Abb. 3: Funktionsdiagramm

Aufgabe 1: Funktion von Befehl 4 erläutern

Zylinder -MM2 ....

betätigt Signalglied ....

Stellglied -QM2 ....

Zylinder -MM2 ....

Aufgabe 2: Schaltplan entsprechend Abb. 2 und 3 ergänzen

Betätigung von -BG2 : in eine Richtung arbeitende Rolle

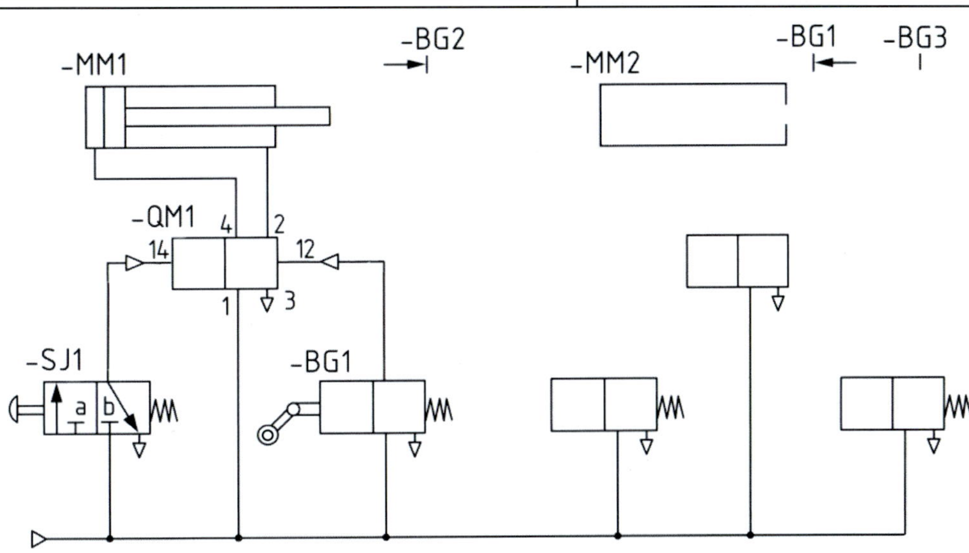

Abb: 4: Schaltplan: Ablaufsteuerung

Montagevorrichtung, Pneumatik **Ablaufsteuerung: Funktionsplan, Funktionsdiagramm, Schaltplan**	Datum	Klasse	Name	Blatt Nr.
	....	....	....	....

An die Montagevorrichtung können zusätzliche Anforderungen gestellt werden, die sich durch einzelne Bauelemente erreichen lassen. Solche Anforderungen sind z. B.:

- Die Kolbengeschwindigkeit ist einstellbar.
- Der Start ist von zwei Stellen aus möglich.
- Ein Ablauf beginnt erst, wenn zugleich zwei Signalaufnehmer betätigt sind.
- Das Stellglied schaltet erst nach einer bestimmten Zeit.

Aufgabe1: Konstruktive Ausführung erläutern (Abb. 1)

Funktion	Teil des Symbols	Konstruktive Umsetzung
Drosselung des Volumenstroms		
Einstellung des Volumenstroms		
Durchlass frei bzw. gesperrt		

Aufgabe 2: Funktionsbeschreibungen ergänzen

Drosselrückschlagventile (Abb. 1 und 2)

Strömt die Luft in gedrosselter Richtung durch das Ventil, wird .... Sitz gedrückt. Die Luft muss durch die Drosselöffnung fließen, die durch eine .... verändert werden kann. Bei entgegengesetzter Strömungsrichtung wird der Sperrkörper abgehoben und die Luft hat .... Durchfluss. Mit der Drosselung kann .... eines Kolbens verändert werden. Man baut Drosselrückschlagventile meist in die Abluft ein, um ein .... Ausfahren des Kolbens zu erreichen.

Speicher mit Drosselrückschlagventil (Abb. 3)

Der Speicher baut nach einiger Zeit (z. B. 3 Sekunden) den notwendigen Druck auf. Somit wird eine .... erreicht, einstellbar mit dem ....

Wechselventile (Abb. 4)

Wechselventile besitzen zwei Eingänge und einen Ausgang. Wird das Sperrelement an einem Eingang mit Druckluft beaufschlagt, dann .... es den anderen Eingang ab. Das Wechselventil lässt also Luft entweder durch den einen oder den anderen Eingang. Es handelt sich um eine ....-Verknüpfung. Wechselventile werden dazu benutzt, eine Anlage wechselweise von .... zu bedienen.

Zweidruckventile (Abb. 5)

Zweidruckventile besitzen .... Eingänge und .... Ausgang. Wird nur ein Eingang mit Druckluft beaufschlagt, dann .... das Ventil den Durchgang. Erst wenn an beiden Eingängen Druck anliegt, lässt das Ventil Luft durch. Es ist eine ....-Verknüpfung von Signalen. Zusammen mit einem Zeitglied können Zweidruckventile zur .... für eine Anlage ausgebaut werden.

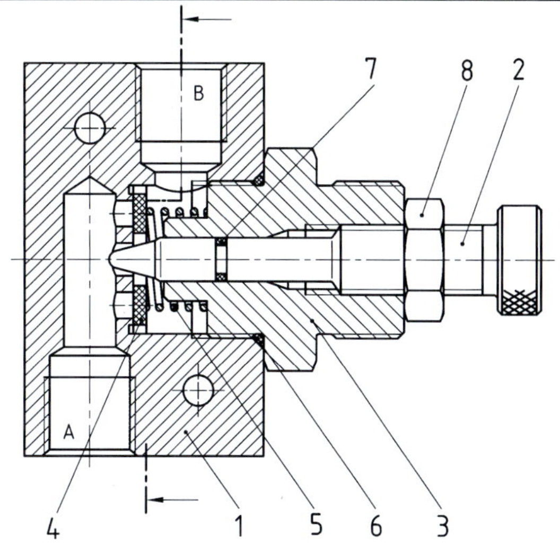

Abb. 1: Drosselrückschlagventil

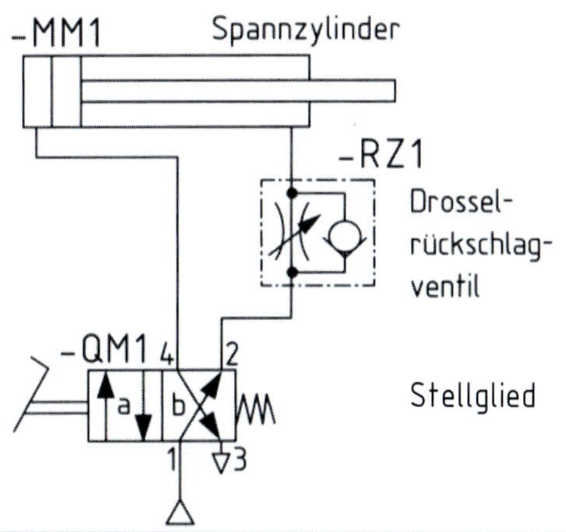

Abb. 2: Drosselrückschlagventil

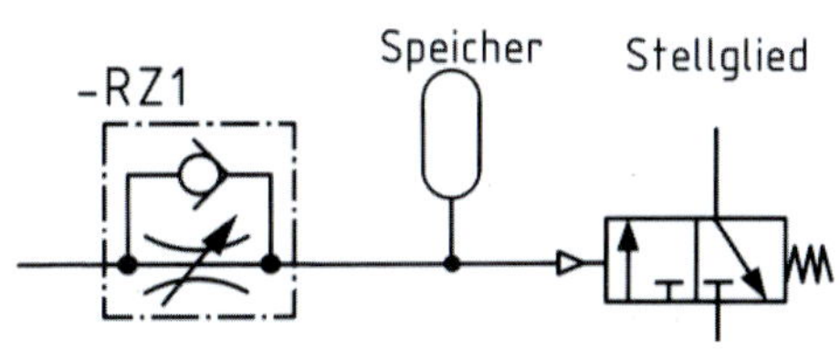

Abb. 3: Drosselrückschlagventil mit Speicher

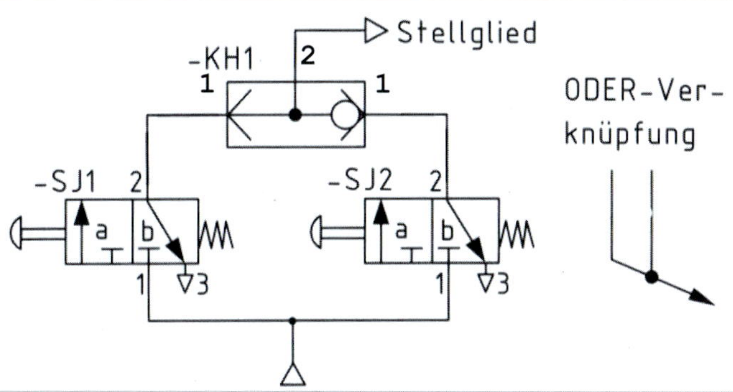

Abb. 4: Wechselventil (ODER)

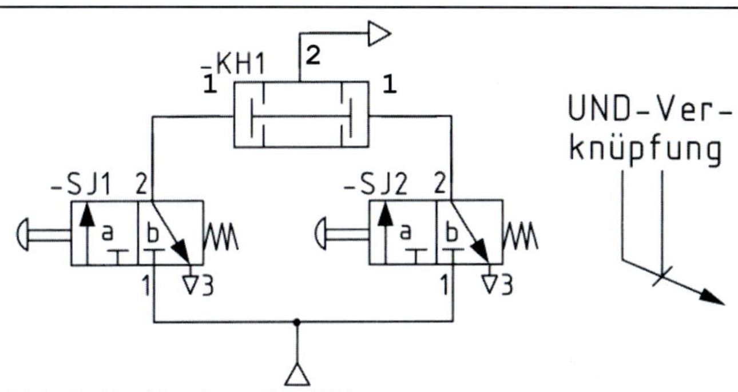

Abb. 5: Zweidruckventil (UND)

Bauelemente für Zusatzfunktionen

Datum	Klasse	Name	Blatt Nr.
....	....	....	....

Aufgabe 1: Montagevorrichtung optimieren

	Ausführung
• Stellglieder sind 5/2 Wegeventile.	
• Die Anlage startet wahlweise von zwei Stellen.	=> ....
• Die Ausfahrgeschwindigkeit der Kolben ist einstellbar.	=> ....
• Die Einpresskraft wirkt rund 2 s ein.	=> ....

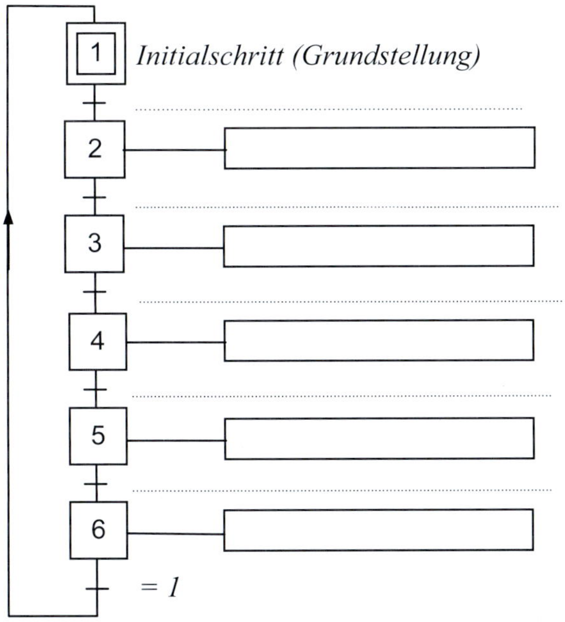

Abb. 1: **Funktionsplan (Schrittkette)**

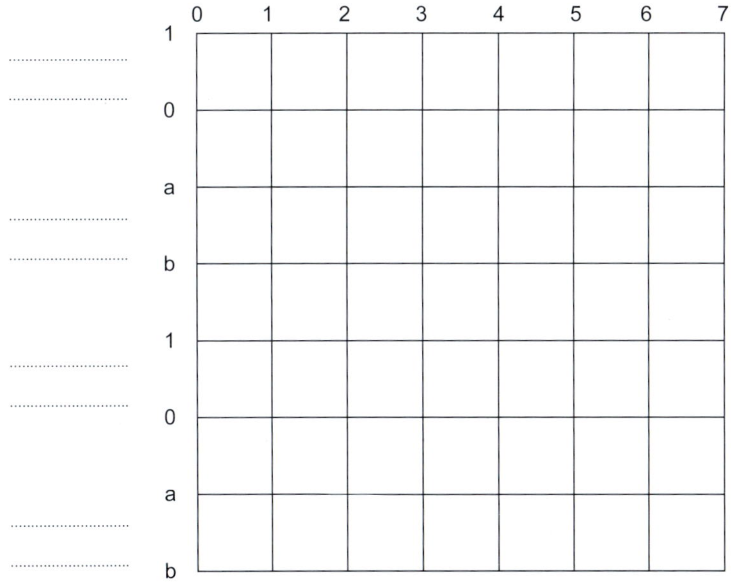

Abb. 2: **Funktionsdiagramm**

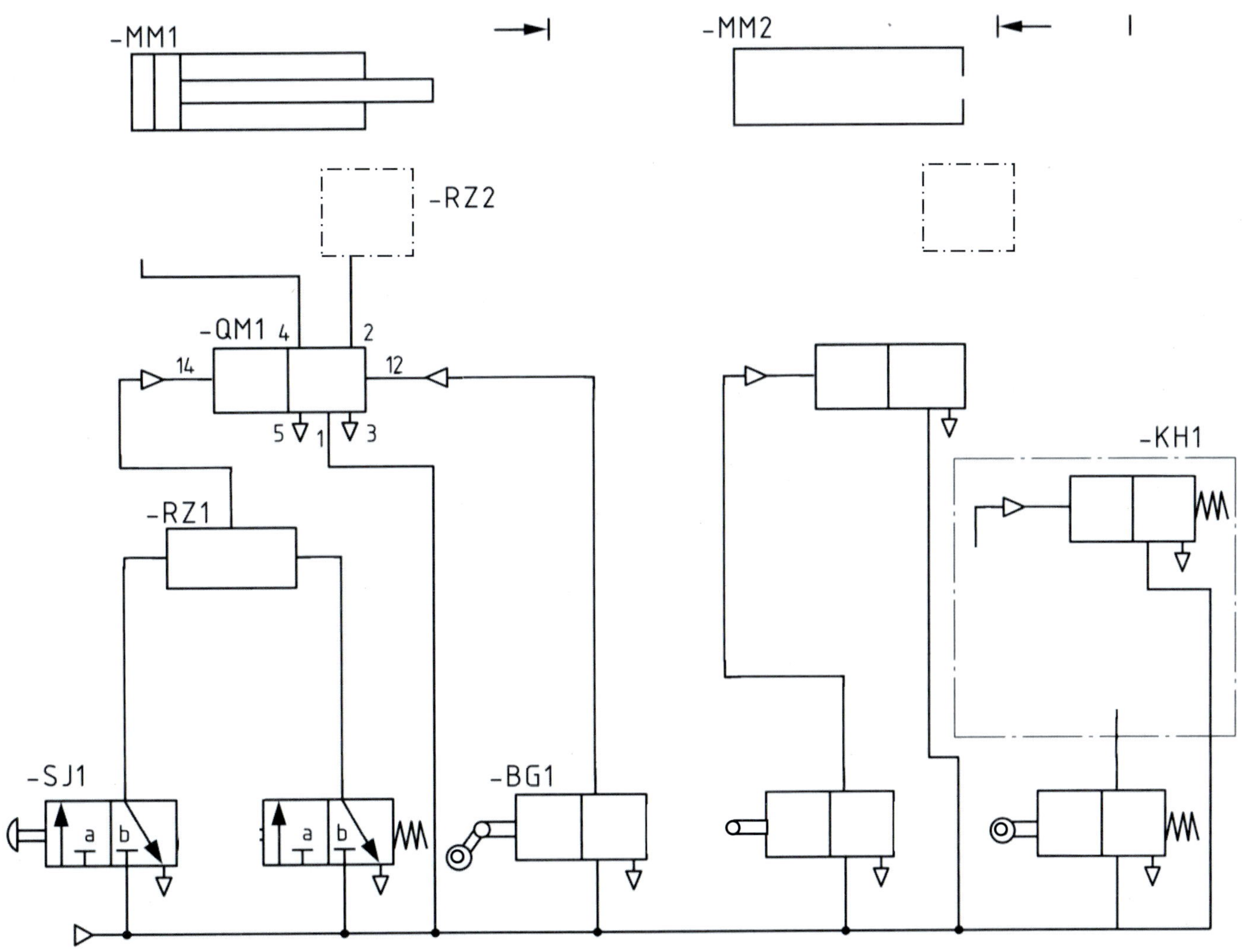

Abb. 3: Schaltplan (Ablaufsteuerung)

Montagevorrichtung Pneumatik	Ablaufsteuerung mit Zusatzfunktionen	Datum	Klasse	Name	Blatt Nr.
		....	....	....	....

Die pneumatische Betätigung der Stellglieder in der Montagevorrichtung erfordert oft lange Schlauchleitungen und eine große Zahl pneumatischer Signalaufnehmer. Dieser Aufwand kann durch eine elektropneumatische Schaltung verringert werden.

In Abb. 1 ist der elektropneumatische Schaltplan und in Abb. 2 der dazugehörende Stromlaufplan für die Montagevorrichtung (vgl. Blatt 48) dargestellt. Dabei werden die elektrischen Schalter für die Stellmagneten manuell betätigt.

Elektropneumatischer Schaltplan

1. In Abb. 1 werden die Stellglieder mit Elektromagneten (-MB1, -MB2) betätigt. Ein elektrisches Signal bewirkt am Stellglied eine neue Schaltstellung mit neuem Durchfluss.

   Hinweis: Vor allem bei der Fehlersuche kann die Handhilfsbetätigung benutzt werden.
2. Stellglieder mit Federrückstellung (Abb. 1) benötigen einen Dauerimpuls. Die Schaltstellung bleibt nur erhalten, solange Spannung anliegt, d. h. solange der Taster betätigt ist. Der Dauerimpuls kann durch eine Selbsthalteschaltung (Abb. 3) erreicht werden.
3. Stellglieder mit zwei Elektromagneten (vgl. Blatt 53, Abb. 2) benötigen nur einen kurzzeitigen Impuls für das Schalten in eine neue Schaltstellung. Diese Schaltstellung bleibt so lange erhalten, bis ein neuer Impuls erfolgt. Solche Stellglieder besitzen also Speichereigenschaft.

Stromlaufplan (Abb. 2)

1. Der Stromlaufplan zeigt
   - die Bauteile als Schaltzeichen (Tabb. Seite ....)
   - den Stromlauf von L+ nach L- mit Pfad-Nummern
   - die Wirkungsweise der Anlage (in Verbindung mit dem elektropneumatischen Schaltplan)

   Hinweis: Der Stromlaufplan zeigt nicht, wie die Bauteile in der Anlage angeordnet sind.
2. Im Stromlaufplan werden die Bauteile in der Regel in spannungslosem Zustand dargestellt.
3. Schalter können als Schließer oder Öffner mit verschiedener Betätigung ausgeführt sein (Tabb. Seite ....). Mechanisch betätigte Schalter werden mit -SJ1, -SJ2, ... gekennzeichnet.
4. Elektromagnete werden mit -MB1, -MB2, ... gekennzeichnet.

In Abb. 2 werden die Taster für die Betätigung der Stellmagnete von Hand bedient. Bei großen Stellgliedern müssen hier zudem hohe Spannungen geschaltet werden. Will man eine Steuerung komfortabler machen, Signale elektrisch verknüpfen oder mit kleinen Spannungen schalten, dann sind Relais notwendig.

Stromlaufplan mit Steuer- und Hauptstromkreis (Abb. 3)

1. Die Relais liegen im Steuerstromkreis, der z. B. mit 24 Volt betrieben wird. Die Elektromagnete für die Stellglieder liegen im Hauptstromkreis, der oft höhere Spannungen aufweist.
2. Relais werden mit -KF1, -KF2, ... gekennzeichnet.
3. Die Schließer und Öffner für den Steuer- und den Hauptstromkreis liegen in den Relais. Im Stromlaufplan werden sie aber in den verschiedenen Strompfaden dargestellt. Die zu einem Relais gehörenden Schalter erhalten die Bezeichnung des Relais, also z. B. -KF1 oder -KF2.
4. Zur Erleichterung der Installation und der Fehlersuche können folgende Anschlussbezeichnungen eingetragen werden:

• an Schaltern außerhalb von Relais	Öffner 1/2	Schließer 3/4
• am Relaisschalter 1:	Öffner 11/12	Schließer 13/14
• am Relaisschalter 2:	Öffner 21/22	Schließer 23/24 usw.

Aufgabe 1: Elektrische Schaltelemente kennzeichnen

a) Kennzeichnen Sie in Abb. 1 bis 3 die Elektromagnete, z. B. rot.

b) Kennzeichnen Sie in Abb. 3 die Relais, z. B. grün.

c) Der Zylinder -MM1 ist ausgefahren. Kennzeichnen Sie in Abb. 3 den Stromfluss, z. B. blau.

Aufgabe 2: Schaltungen nach Abb. 1 bis 3 realisieren

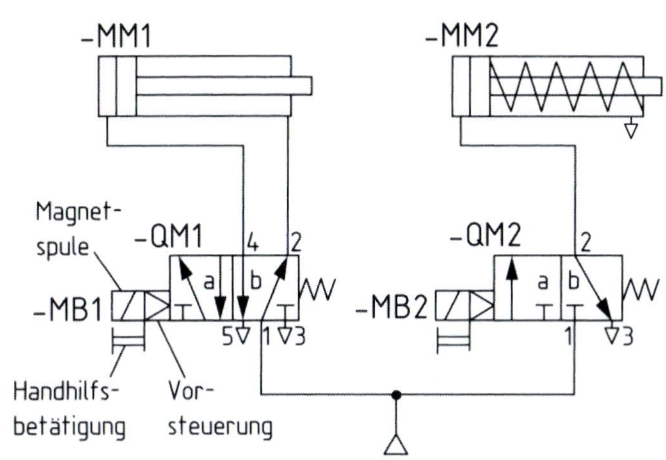

Abb. 1: Elektropneumatischer Schaltplan

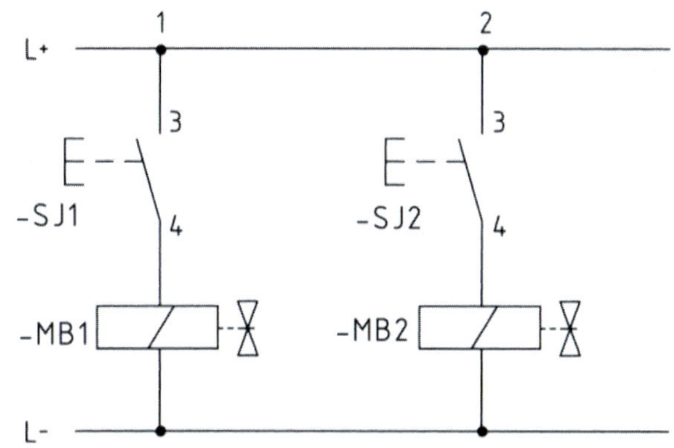

Abb. 2: Stromlaufplan

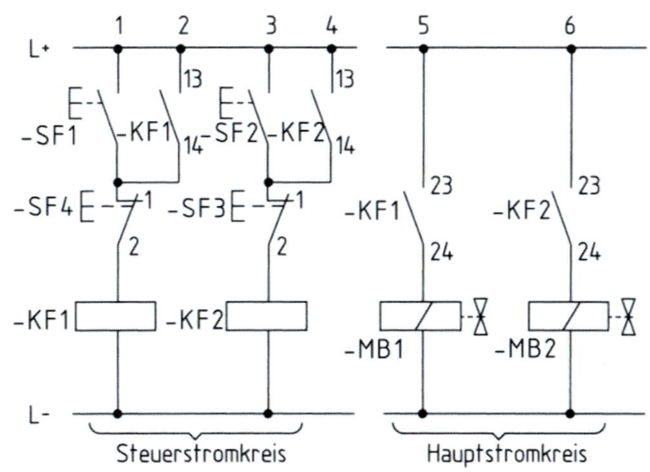

Abb. 3: Stromlaufplan

Aufgabe 3: Selbsthalteschaltung (Relais -KF1) in Abb. 3 erläutern

1. Der Taster -SF1 in Pfad .... wird .... betätigt.
2. Das Relais -KF1 ....
3. Der Schließer .... in Pfad .... (der im Relais -KF1 liegt) wird geschlossen.
4. Nach dem Loslassen des Tasters -SF1 fließt nur noch Strom über den Pfad .... Das Relais -KF 1 bleibt ....
5. Durch Betätigen des Öffners -SF4 wird der Stromfluss .... und das Relais -KF1 wird ....

   Die Schalter in -KF1 gehen in ihre Ausgangsstellung zurück.

Im Folgenden wird die Schaltung für die Montagevorrichtung mit ODER- bzw. UND-Funktion abgewandelt. Das Zusammenwirken der einzelnen Bauteile und der Funktionsablauf wird im Funktionsdiagramm dargestellt.

Aufgabe 1: Funktionsdiagramm (Abb. 1) und Stromlaufplan (Abb. 3) ergänzen, ODER-Funktion einbauen

Die Schaltung ist nach folgenden Anforderungen abzuwandeln:

- Auf Blatt 52, Abb. 1 wurde das 5/2-Wegeventil (Stellglied) durch eine Feder zurückgestellt. Die Rückstellung erfolgt jetzt durch einen Elektromagneten (Abb. 2) mit einem zugehörigen Taster. In dieser einfachen Schaltung kann deshalb im Pfad 1 auf eine Selbsthalteschaltung verzichtet werden.
- Die Taster für die Stellglieder werden manuell betätigt.
- Das Ausfahren des Spannzylinders ist von zwei Stellen aus möglich.
- Für die Ausfahrbewegung des Einpresszylinders ist eine Selbsthalteschaltung vorzusehen.

a) Ergänzen Sie das Funktionsdiagramm (Abb. 1).

b) Ergänzen Sie den Stromlaufplan (Abb. 3).

c) Tragen Sie im Stromlaufplan unter den einzelnen Relais die Strompfade ein, in denen sich Schließer und Öffner des jeweiligen Relais befinden (vgl. Abb. 3, Relais -KF3).

Aufgabe 2: UND-Funktion in den Stromlaufplan einbauen

Die Schaltung nach Aufgabe 1 soll entsprechend folgenden Anforderungen abgewandelt werden:

- Der Spannzylinder fährt erst aus, wenn zwei Taster zugleich betätigt werden.
- Der Einpresszylinder wird wie in Aufgabe 1 geschaltet.

a) Ergänzen Sie in Abb. 4 die Strompfade 1, 2 und 3.

b) Warum liegt hier noch keine Zweihand-Sicherheitsschaltung vor? Wie müsste die Schaltung ergänzt werden?

....

....

....

....

....

....

Aufgabe 3: Schaltungen nach Abb. 3 und 4 mit Geräten realisieren

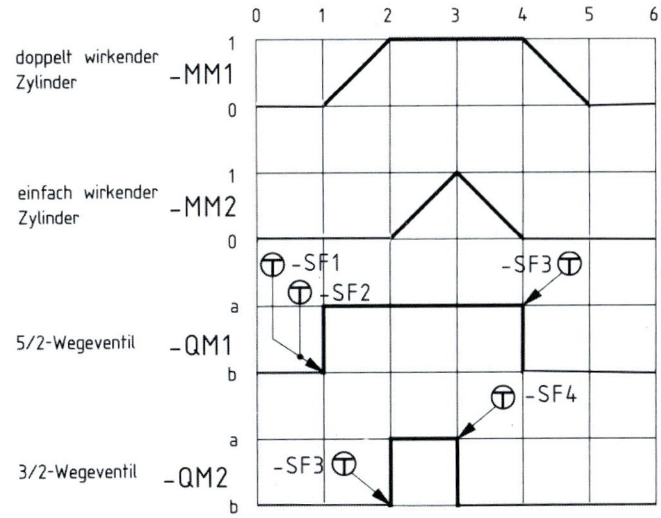

Abb. 1: Funktionsdiagramm mit ODER-Funktion

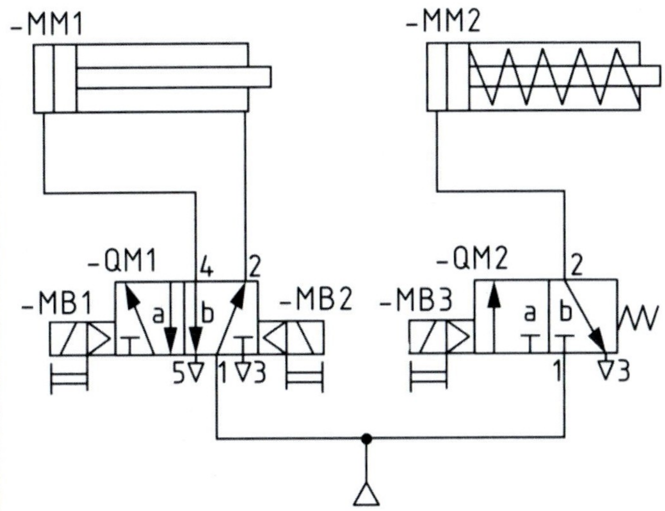

Abb. 2: Schaltplan

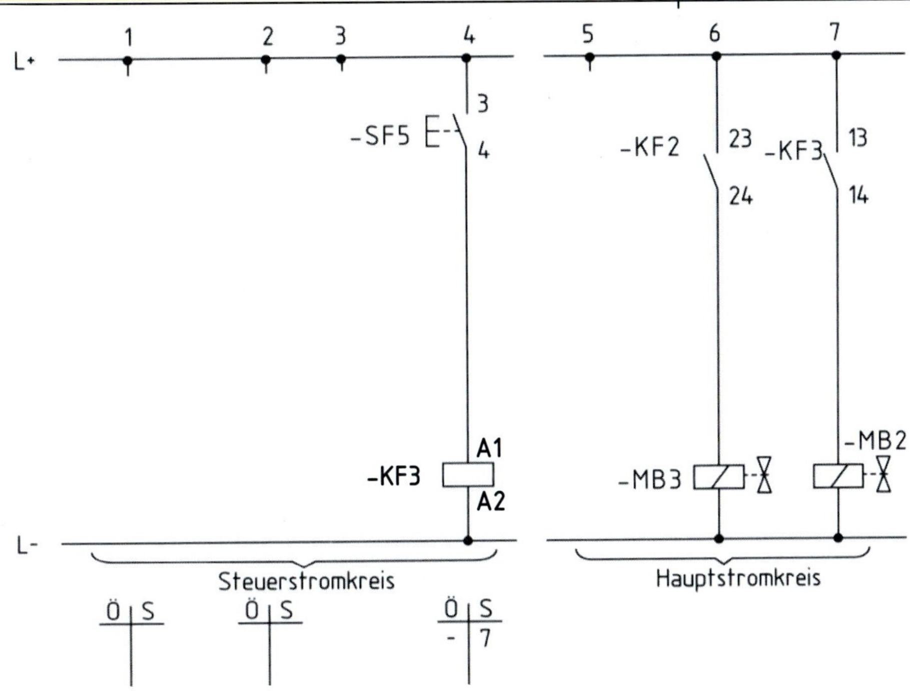

Abb. 3: Stromlaufplan mit ODER-Funktion

Abb. 4: .... mit UND-Funktion

Der Lastwagen in Abb. 1 wird mit zwei ausfahrbaren Stützen beim Be- und Entladen abgesichert. Für solch große Kräfte werden meist elektrohydraulische Anlagen eingesetzt.

Die Ausführung der Funktionsdiagramme, der Funktions- und Schaltpläne erfolgt bei der Hydraulik entsprechend der Pneumatik (Fluidtechnik).

Aufgabe 1: Hydraulikleitungen in Abb. 2 unterscheiden

Kennzeichnen Sie die Arbeitsleitungen, die unter Druck stehen

- beim Ausfahren der Kolben z. B. rot
- beim Einfahren der Kolben z. B. blau
- beim Aus- und Einfahren z. B. gelb

Aufgabe 2: Einsatz der Hydraulik begründen

Warum ist für diese Stützvorrichtung Pneumatik nicht geeignet?

....

....

....

Aufgabe 3: Bauteile in Abb. 2 benennen

-MM1 ....

-QM1 ....

....

-RM1 ....

Aufgabe 4: Kosten begründen

Warum ist bei Hydraulik der Aufwand für die Leitungen höher als bei Pneumatik?

....

....

....

....

Aufgabe 5: Fehler suchen

Der linke Stützfuß -MM1 fährt nicht aus. Zur Klärung der Ursache wird an den Stellen ① bis ③ der Druck gemessen. Geben Sie mögliche Fehlerursachen an.

a) Druck bei ① niedriger als bei ③ , obwohl -SJ1 in Stellung b

....

b) Druck bei ① und ② gleich: ....

c) Alle Drücke in Ordnung: ....

Aufgabe 6: Funktionen der Stützen beschreiben

a) Wie wird das gleichzeitige Ausfahren bewirkt?

....

....

....

b) Bedingt durch ungleichen Untergrund kann das Fahrzeug nach links geneigt stehen. Wie erreicht man ein Ausrichten des Fahrzeugs?

....

c) Wie wird die Ausfahrgeschwindigkeit reguliert?

....

d) Warum sind die entsperrbaren Rückschlagventile -RM1 und -RM2 direkt an die Zylinder angeflanscht?

....

Abb. 1: Anlage

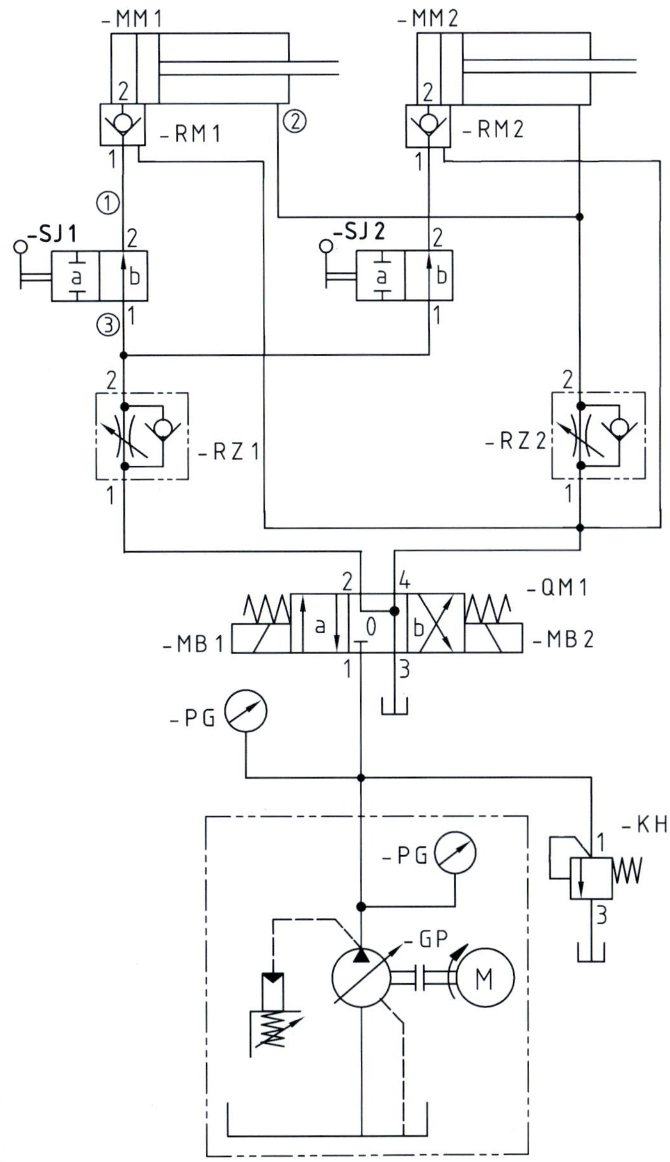

Abb. 2: Elektrohydraulisher Schaltplan

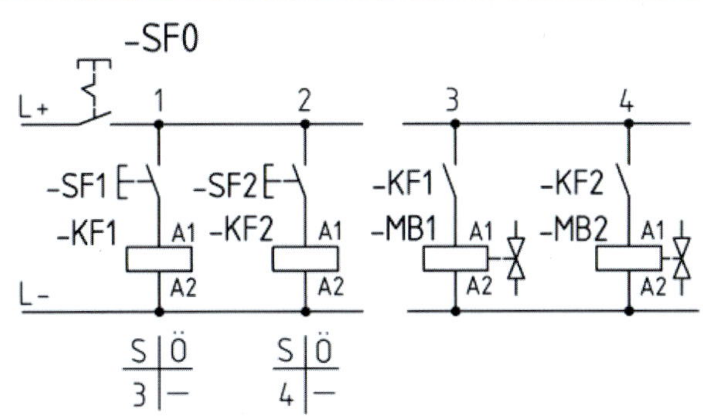

Abb. 3: Stromlaufplan

Aufgabe 1: Elektrohydraulischen Schaltplan variieren

Variieren Sie den Plan so, dass jeder Stützfuß für sich allein vom Schaltpult aus ein- und ausgefahren werden kann

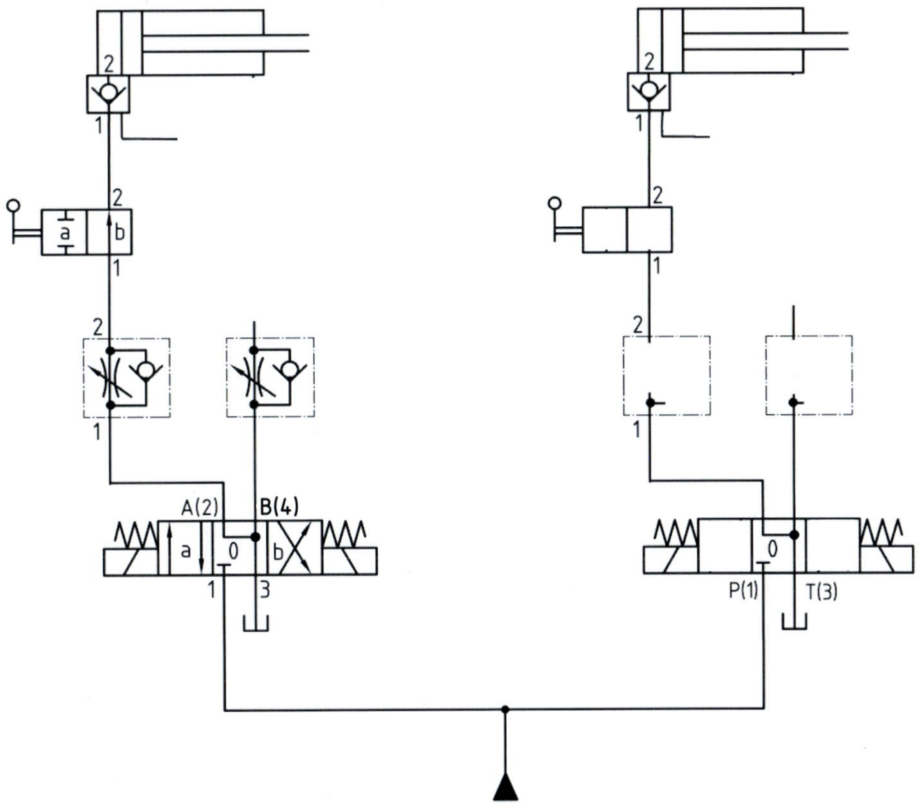

Abb. 1: Elektrohydraulischer Schaltplan

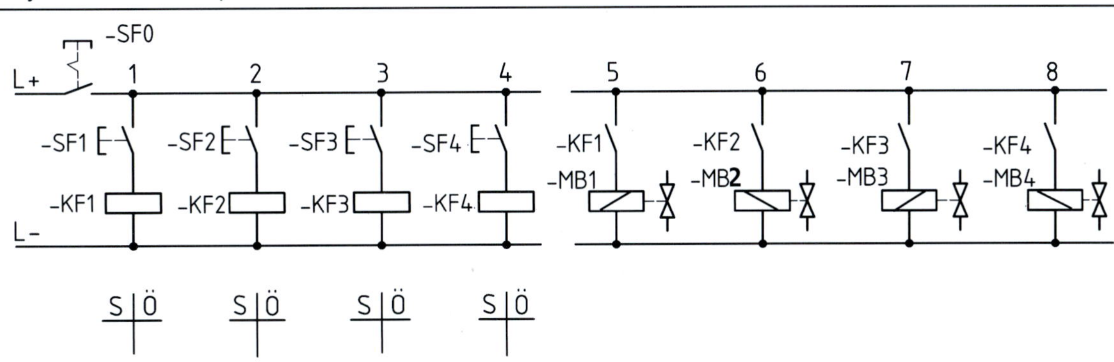

Abb. 2: Stomlaufplan

Aufgabe 2: Stützkraft berechnen

Wie groß ist die Stützkraft eines Zylinders bei dem Kolbendurchmesser von d_1 = 63 mm, wenn der Druck18 MP und der Wirkungsgrad 80 % beträgt?

Aufgabe 3: Kolbengeschwindigkeit berechnen

Wie groß ist bei dem oben genannten Zylinder die Kolbengeschwindigkeit v_A beim Ausfahren, wenn der Volumenstrom Q = 12 l/min beträgt?

Aufgabe 4: Normangaben einer Hydraulikflüssigkeit erläutern

Bei der Stützeinrichtung soll eine Hydraulikflüssigkeit mt der Typenbezeichnung HLP 68 verwendet werden. Entnehmen Sie aus dem Tabellenbuch nach DIN 51502 die Bedeutung von

H: ....

L: ....

P: ....

....

68: ....

Aufgabe 5: Entsorgung von Hydraulikflüssigkeiten angeben

Bei der Stützeinrichtung ist die Hydraulikflüssigkeit auszutauschen. Wie hat die Entsorgung zu erfolgen?

....

....

....

....

....

Bei den folgenden Aufgaben sind Sachwörter im Zusammenhang mit den behandelten Lernfelder in die englische bzw. deutsche Sprache zu übersetzen. Informationsquellen finden Sie im Tabellenbuch (Sachwortverzeichnis), Lexikon, Internet ....

Aufgabe 1: Sachwörter mit Bezug zu Teilefertigung angeben

a) fräsen ....
Fräsen ....
Fräsmaschine ....
Schnittkraft ....
drehen ....
bohren ....
reiben ....
Stahl ....
Aluminium ....

b) rotation ....
revolutions per minute ....
feed rate ....
surface specifications ....
roughness depth ....
productive time ....
tool steel ....
warning signs ....
....
....

Aufgabe 2: Sachwörter mit Bezug zu technische Systemen angeben

a) Zahnrad ....
Zahnradmaße ....
ein Kugellager ....
mehrere Wälzlager ....
Dichtung ....
Federkraft ....
Formtoleranz ....
Sechskantmutter ....
Drehmoment ....

b) maximum dimensions ....
industrial robot ....
copper ....
plastics ....
corrosion prevention ....
tensile stress ....
screws and bolts ....
danger signs ....
....
....

Aufgabe 3: Sachwörter mit Bezug zu CNC-Steuerung angeben

a) CNC-Steuerung ....
Bezugspunkt bei CNC- ....
Maschinen ....
kreisförmigeBewegung ....
Adressbuchstaben ....
Automatisierungstechnik ....
Schnittdaten ....
Werkzeugkorrektur ....

b) coordinate dimensioning ....
equipment ....
productivetime ....
boringcycle ....
binary number system ....
instruction ....
high speed cutting (HSC) ....
disposal of substances ....
....
....
....

Aufgabe 4: Sachwörter mit Bezug zu Steuerungen angeben

a) Pneumatikzylinder ....
Druckeinheit ....
Luftverbrauch ....
Druckübersetzer ....
Funktionsdiagramm ....
Parallelschaltung ....
Stromstärke ....
UND-NICHT-Verknüpfung ....

b) hydraulic oil ....
hydraulic press ....
electricity ....
function chart ....
watt output ....
circuit diagram ....
two-point controller ....
....
....
....
....

Sachwörter	Deutsch - Englisch Englisch - Deutsch	Datum	Klasse	Name	Blatt Nr. ....